猪病类症鉴别与诊治彩色图谱

主　编　刘建柱　牛绪东　李克鑫
副主编　刘砚涵　任　禾　冯学俊　陈甜甜　刘海涛　王胜华
参　编　徐晓菲　张乐宝　宰　翔　王　润　张庆丰　李丽萍
　　　　房竹琳　李　展　张文启　万惠愚　杜永振　刘秀芹
　　　　范汝鹏　郭淑华　孙　泉　郭晓程　罗金剑　鞠泳政
　　　　肖　彬　李在强　刁非非　王　成　郝　盼　高　欣
　　　　史梦科　田　雪　戚伊健　王　新　石国强　范　颖
　　　　王家毅　程　佳　刘康平

本书以"看图识病、类症鉴别、综合防治"为目的，从生产实际和临床诊治需要出发，结合编者多年的临床教学和诊疗经验进行介绍，内容包括病毒病、细菌病、寄生虫病和普通病的鉴别诊断与防治，还特别收集了非洲猪瘟典型病变图片，附录详细列出了引起猪腹泻的常见疾病，引起猪呼吸困难的常见疾病，猪泌尿生殖系统疾病，猪神经、运动障碍常见疾病，猪皮肤病，以及常见猪中毒病的鉴别诊断要点。

本书图文并茂，语言通俗易懂，内容简明扼要，注重实际操作，可供养猪生产者及畜牧兽医工作人员使用，也可作为农业院校相关专业师生的教学（培训）用书。

图书在版编目（CIP）数据

猪病类症鉴别与诊治彩色图谱 / 刘建柱，牛绪东，李克鑫主编. -- 北京：机械工业出版社，2024.10.
ISBN 978-7-111-76528-8

Ⅰ．S858.28-64

中国国家版本馆CIP数据核字第2024VA4162号

机械工业出版社（北京市百万庄大街22号　邮政编码100037）
策划编辑：周晓伟　高　伟　　责任编辑：周晓伟　高　伟　王华庆
责任校对：梁　园　宋　安　　责任印制：常天培
北京宝隆世纪印刷有限公司印刷
2024年11月第1版第1次印刷
210mm×190mm・11.333印张・2插页・284千字
标准书号：ISBN 978-7-111-76528-8
定价：98.00元

电话服务　　　　　　　　　网络服务
客服电话：010-88361066　　机　工　官　网：www.cmpbook.com
　　　　　010-88379833　　机　工　官　博：weibo.com/cmp1952
　　　　　010-68326294　　金　书　网：www.golden-book.com
封底无防伪标均为盗版　　　机工教育服务网：www.cmpedu.com

前 言

目前国内猪场养殖模式较多,猪病越来越复杂,致使老病未除、新病不断,尤其是多种疾病混合感染,非典型性疾病、营养代谢和中毒性疾病增多,直接影响了养猪场的经济效益。因此,加强猪病防控非常必要,而有效防控的前提是对疾病进行正确的诊断。对此,我们组织了多年来一直从事猪病防治的专家和学者,编写了本书。全书有约450张临床剖检现场图片,让养殖场饲养管理人员按图索骥,做好猪病的早期预防工作,降低养殖成本,获取最大的经济效益。

本书编者在山东省动物疫病预防与控制中心的大力支持与帮助下对感染非洲猪瘟病猪的解剖图片进行了收集,把典型病变展现给读者。这也是本书的一个亮点。

需要特别说明的是,本书所用药物及其使用剂量仅供读者参考,不可照搬。在生产实际中,所用药物学名、常用名与实际商品名称有差异,药物浓度也有所不同,建议读者在使用每一种药物之前,参阅厂家提供的产品说明以确认药物用量、用药方法、用药时间及禁忌等。购买兽药时,执业兽医有责任根据经验和对患病动物的了解决定用药量及选择最佳治疗方案。

本书在编写过程中力求文字简洁、易懂,科学性、先进性和实用性兼顾,力求做到内容系统、准确、深入浅出,治疗方案具有很强的操作性和合理性,让广大养猪者一看就懂,一学就会,用后见效。

由于编者的水平有限,书中不妥、错误之处在所难免,恳请广大读者和同仁批评指正,以便再版时改正。

编　者

目　录

前言

第一章　病毒病

一、猪瘟 /002

二、非洲猪瘟 /015

三、猪细小病毒感染 /027

四、猪伪狂犬病 /030

五、猪乙型脑炎 /038

六、猪繁殖与呼吸综合征 /041

七、猪流感 /049

八、猪圆环病毒病 /056

九、猪轮状病毒感染 /064

十、猪传染性胃肠炎 /069

十一、猪流行性腹泻 /075

十二、猪传染性脑脊髓炎 /079

十三、猪狂犬病 /082

十四、猪口蹄疫 /084

第二章　细菌病

一、仔猪黄痢 /090

二、仔猪白痢 /094

三、仔猪红痢 /097

四、仔猪水肿病 /099

五、仔猪副伤寒 /102

六、猪渗出性皮炎 /109

七、猪痢疾 /113

八、猪增生性肠炎 /118

九、猪传染性胸膜肺炎 /122

十、猪气喘病 /130

十一、副猪嗜血杆菌病 /134

十二、猪肺疫 /142

十三、猪传染性萎缩性鼻炎 /146

十四、猪链球菌病 /150

十五、猪布鲁氏菌病 /159

十六、猪附红细胞体病 /162

十七、猪丹毒 /170

第四章　普通病

一、仔猪白肌病 /216

二、中暑 /220

三、霉菌毒素中毒 /222

四、食盐中毒 /228

五、酒糟中毒 /232

六、棉籽饼中毒 /235

七、亚硝酸盐中毒 /240

八、锌缺乏症 /243

九、铜中毒 /246

十、猪维生素 A 缺乏症 /248

十一、母猪低温综合征 /251

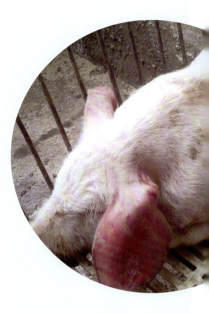

第三章　寄生虫病

一、猪球虫病 /180

二、猪蛔虫病 /183

三、猪绦虫病 /187

四、猪毛首线虫病 /193

五、猪弓形虫病 /197

六、猪食道口线虫病 /204

七、猪后圆线虫病 /206

八、猪疥螨病 /210

附　录

附录 A　引起猪腹泻的常见疾病的鉴别诊断要点 /256

附录 B　引起猪呼吸困难的常见疾病的鉴别诊断要点 /258

附录 C　猪泌尿生殖系统疾病的鉴别诊断要点 /260

附录 D　猪神经、运动障碍常见疾病的鉴别诊断要点 /262

附录 E　猪皮肤病的鉴别诊断要点 /263

附录 F　常见猪中毒病的鉴别诊断要点 /264

参考文献 /266

猪病类症鉴别与诊治彩色图谱

第一章
病毒病

一、猪瘟

简介

猪瘟俗称烂肠瘟,是一种具有高度传染性的疫病,是威胁养猪业的主要传染病之一。猪瘟是由黄病毒科猪瘟病毒属的猪瘟病毒引起的一种急性、发热、接触性传染病,具有高度传染性和致死性。其特征是:急性型呈败血性变化,实质器官出血、坏死和梗死;慢性型呈纤维素性坏死性肠炎,后期常继发副伤寒及猪肺疫。

病原与流行特点

病原为猪瘟病毒,仅发生于猪,野猪也易感,其他动物有抵抗力。病猪是本病的主要传染源,通过其粪便、尿液及各种分泌物向外界排出病毒。自然传染主要通过污染的饲料和饮水;人和其他动物也能机械地传播病毒。试验证明,感染门户主要是扁桃体和呼吸道。本病在许多地区是常发病,老疫区的猪群常有一定免疫性,其发病率和死亡率均较低。

临床症状

临床上主要分为最急性型、急性型、慢性型、温和型等。

(1)**最急性型** 突然发病,急剧进展,主见高热稽留;全身皮肤呈紫红色,耳及臀部明显;黏膜发绀,全身出血,呈现典型的败血症变化。经一至数天死亡。

(2)**急性型** 此型最为多见。病猪常突然发生,精神沉郁,发热,体温在40~42℃之间,呈现稽留热,喜卧、弓背、寒战及行走摇晃。食欲减退或废绝,喜欢饮水,有的发生呕吐。结膜发炎,流脓性分泌物，将上下眼睑粘住，不能张开。鼻流脓性鼻液。初期排干粪，干硬的粪球表面附有大量白色的肠黏液，后期腹泻，粪便恶臭，带有黏液或血液。病猪的鼻端、耳部皮下、胸部皮下及四肢内侧、股内侧的皮肤及齿龈、唇内、肛门等处黏膜出现针尖状或点状出血，指压不褪色。腹股沟淋巴结肿大。公猪包皮发炎，呈紫红色，阴鞘积尿，用手挤压时有恶臭混浊液体射出，有大量絮状物。小猪可出现神经症状，表现磨牙、后退、转圈、强直、侧卧及游泳状，甚至昏迷等。

（3）慢性型　多由急性型转变而来。病猪体温时高时低，食欲减退，便秘与腹泻交替出现，逐渐消瘦、贫血、衰弱、被毛粗乱，行走时两后肢摇晃无力、步态不稳。有些病猪的耳尖、尾端和四肢下部呈暗红色、紫红色、坏死、脱落，病程可长达一个月以上，最后衰弱死亡，死亡率极高。

（4）温和型　又称非典型，较多发生于断奶仔猪及架子猪。症状表现不典型且轻微，病情缓和，病理变化不明显。病程较长者则体温稽留在40℃左右，皮肤无小点出血，但有瘀血和坏死。食欲时好时坏，粪便时干时稀，病猪十分瘦弱，死亡率较高，也有耐过的，但生长发育严重受阻。

耳及臀部出现明显的紫红色

被毛粗乱，消瘦，耳尖及鼻端出现暗红色

猪病类症鉴别与诊治彩色图谱

慢性猪瘟：病猪腹泻，消瘦

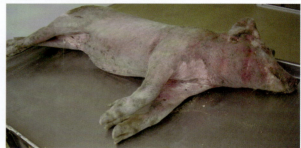

全身皮肤呈紫红色

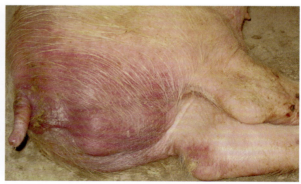

后躯皮肤呈紫红色

第一章 病毒病

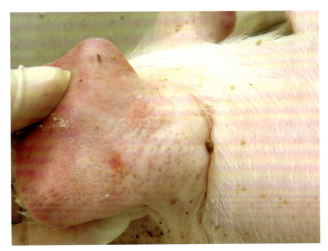
耳部皮下可见明显的点状出血

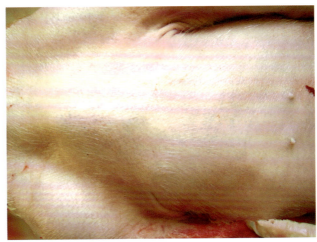
胸部皮下有大量点状出血,指压不褪色

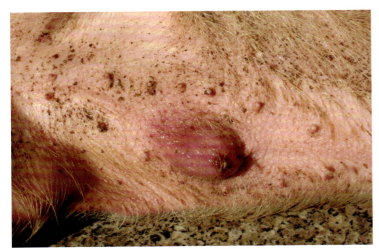
包皮呈紫红色,阴鞘积尿

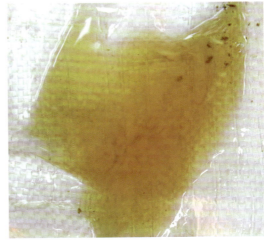
阴鞘积存的尿液混浊,可见大量絮状物

排干粪，干粪表面附有肠黏液

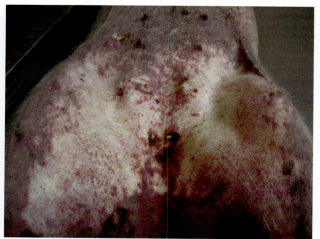

股内侧皮肤有大量针尖状出血点

病理变化

1）皮肤、黏膜、浆膜广泛性出血，皮下有大量点状出血，心外膜出血，心耳出血，心冠脂肪水肿。

2）淋巴结肿大，切面有出血变化，周边和中央条纹状出血，切面呈大理石样出血。扁桃体有炎症，肿大，出血，后期坏死。

3）脾脏一般不见肿大，但有梗死灶，表面呈紫黑色，以边缘最多见，有的边缘呈锯齿状。

4）泌尿系统：肾脏表面凹凸不平，色浅，贫血，可能表面有大小不等的特征性出血点；纵切发现肾乳头、肾脏皮质区、髓质区、肾盂水肿，潮红，有出血点；膀胱内可出现混浊尿液，膀胱黏膜潮红并有针尖状出血点。

5）消化系统：胆囊壁增厚，黏膜溃疡、坏死且有出血点；肠道黏膜坏死、溃疡，肠系膜淋巴结肿大，盲肠、结肠、回盲瓣附近出现黏膜坏死，呈纽扣状溃疡，胃底黏膜潮红、出血，贲门腺区坏死，幽门处出血、溃疡。

6）呼吸系统：气管和支气管内有泡沫样的黏稠分泌物，肺部充血、出血，形成卡他性纤维素性支气管炎和胸膜炎。

7）中枢神经系统：脑组织水肿，脑血管充血，脑膜及脑实质有出血点或出血斑。

8）慢性猪瘟可见肋骨与肋软骨结合部膨大，俗称的骨化线。

9）心包积液，呈浅黄色。

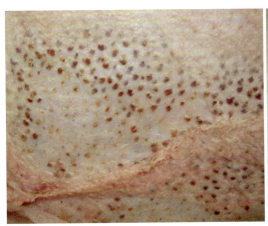
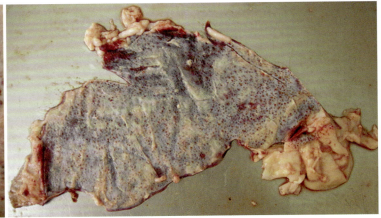

皮下有大量点状出血

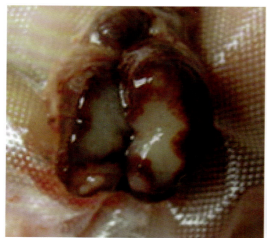
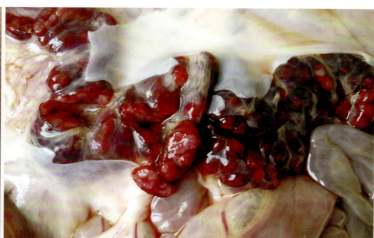

淋巴结肿大，切面多汁，呈周边出血的现象

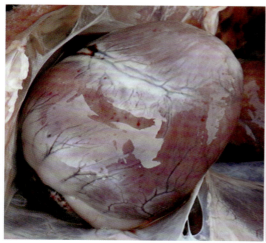
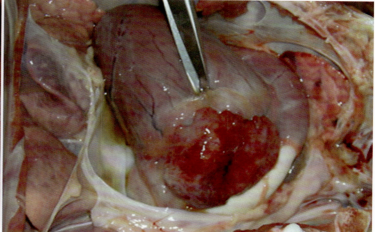

心外膜出现点状出血，心耳出血，心冠脂肪水肿

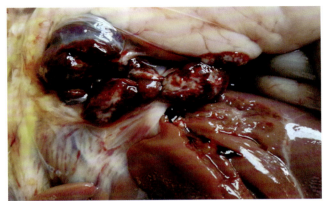

淋巴结肿大、出血，呈现典型的大理石样外观

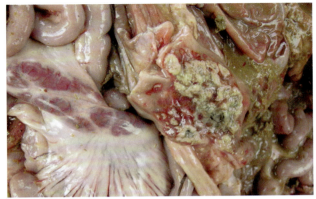

回盲瓣出现坏死灶，肠系膜淋巴结肿大、出血

肠道黏膜坏死、溃疡，俗称烂肠瘟

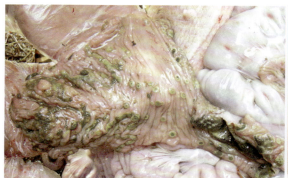
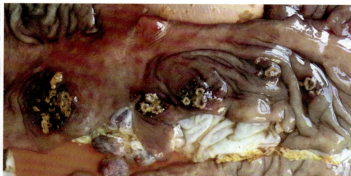

大肠内有大量坏死灶，呈现典型的纽扣状溃疡

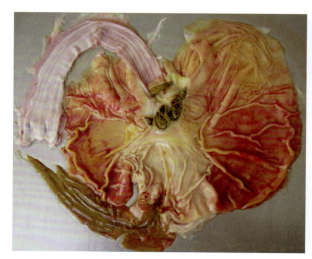
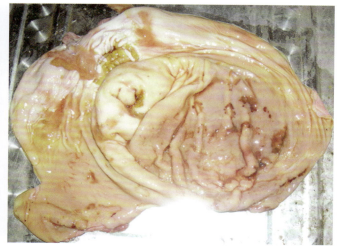

胃底黏膜潮红、出血，贲门腺区块状坏死，幽门处出血、溃疡　　胃底黏膜潮红，可见溃疡、出血

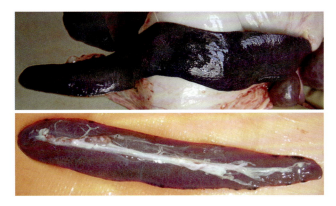

脾脏边缘出现特征性的梗死灶

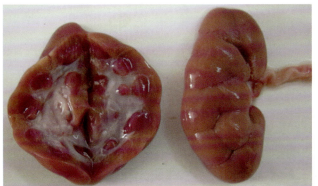

哺乳仔猪的肾脏表面凹凸不平,肾乳头潮红

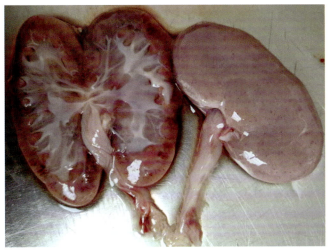

肾脏贫血性出血,可见大量针尖状出血点

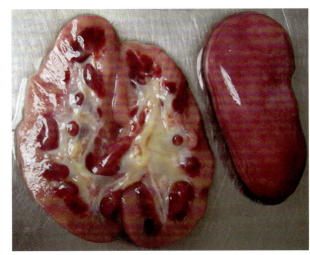

肾乳头出血,髓质区轻度水肿

肾脏表面可看到大量特征性出血点

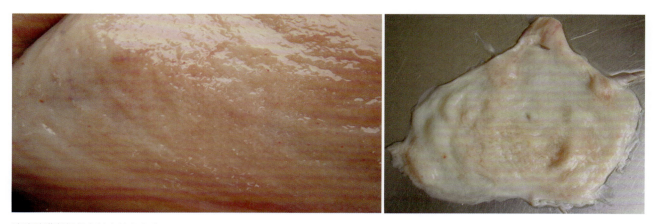

膀胱黏膜潮红并有针尖状出血点

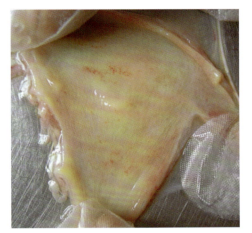
哺乳仔猪（25日龄）的膀胱黏膜出血

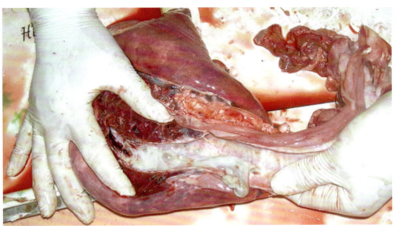
气管及支气管内有泡沫样的黏稠分泌物

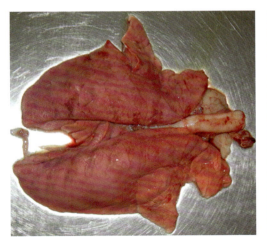
肺充血、出血

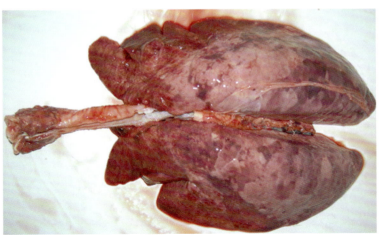
肺膨胀，瘀血和出血呈暗红色

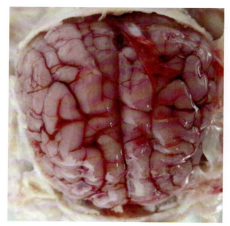

脑组织水肿，脑血管充血

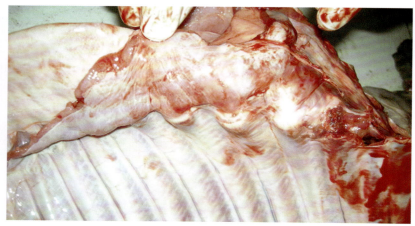

慢性猪瘟：所有肋骨与肋软骨结合部膨大形成骨化线

诊断要点

（1）临床症状　高热稽留、先便秘后腹泻、便秘与腹泻交替出现。

（2）剖检变化　淋巴结切面呈大理石样外观、肾脏有大小不等的出血点、回盲瓣呈纽扣状溃疡。

防控措施

1）免疫接种。预防猪瘟最有效的方法就是接种猪瘟疫苗。我国目前批准生产的猪瘟疫苗有兔源、脾淋源、细胞源、传代细胞源猪瘟活疫苗及猪瘟病毒 E2 亚单位疫苗。猪瘟 E2 亚单位疫苗可通过血清学方法与自然感染猪区分开，为猪瘟净化提供可用的技术手段。

活疫苗接种 1 周后可产生免疫力。没有注射过疫苗的猪场，仔猪断奶后无母源抗体，仔猪在 14 日龄接种 1 次即可；注射过疫苗的猪场，仔猪可在 21~30 日龄接种 1 次。有疫情威胁时，仔猪可在免疫后 14 天加强免疫 1 次。

2）尽量做到自繁自养和圈养，严防从外地带入传染源。必须从外地购猪时，应先经预防注射，再隔离饲养 2 周，然后方可混入猪群。

3）改善饲养管理，做好栏舍、环境、饲具的清洁卫生工作。

4）发生猪瘟时，应马上对全群健康猪进行猪瘟疫苗接种，然后对可疑猪接种，尽早确诊，及时采取措施，把损失减少到最低限度，目前尚无特效药物治疗本病，对可疑病猪隔离，病死猪进行无害化处理、深埋或焚烧均可。发病猪舍、运动场及有关器械用 2%~3% 氢氧化钠或其他强力消毒剂进行彻底消毒。粪尿及垫草、剩料等污物堆积发酵或烧毁。

二、非洲猪瘟

简介

非洲猪瘟是由非洲猪瘟病毒感染家猪和各种野猪（如非洲野猪、欧洲野猪等）而引起的一种急性、出血性、烈性传染病。世界动物卫生组织（OIE）将其列为法定报告动物疫病，本病也是我国重点防范的一类动物疫病。其特征是发病过程短，最急性和急性感染死亡率高达 100%，临床表现为发热（可达 40~42℃），心跳加快，呼吸困难，部分咳嗽，眼、鼻有浆液性或黏液性脓性分泌物，皮肤发绀，淋巴结、肾脏、胃肠黏膜明显出血，非洲猪瘟与猪瘟临床症状比较相似，多依靠实验室监测确诊。2018 年 8 月 3 日，我国确诊首例非洲猪瘟疫情。

病原与流行特点

非洲猪瘟病毒是非洲猪瘟病毒科的唯一成员，过去曾划归虹彩病毒科。本病毒能耐低温，但对高温较敏感，在60℃加热20分钟、55℃加热30分钟条件下均可灭活。能在pH范围很广的条件下存活，在pH小于3.9或pH大于11.5的无血清介质中能被灭活。血清能增加病毒抵抗力，如pH为13.4，无血清存在时仅存活21小时，有血清存在可存活7天。对乙醚、氯仿敏感。8‰氢氧化钠30分钟、含2.3%有效氯的次氯酸盐30分钟、3‰福尔马林30分钟、3%邻苯基苯酚及碘化合物能灭活。在血液、粪便、组织及鲜肉和腌制干肉制品中可存活很长时间。可在媒介昆虫中复制。

本病毒能从被感染猪的血液、组织液、内脏及其他排泄物中分离出来，低温暗室中保存在血液中的病毒可生存6年，室温中可活数周，加热被病毒感染的血液55℃保持30分钟或60℃保持10分钟，病毒将被破坏，许多脂溶剂和消毒剂也可以将其破坏。

本病可经口和上呼吸道感染，短距离内可发生空气传播。健康猪与病猪直接接触可被传染。或通过饲喂污染的饲料、泔水、剩菜及肉屑；生物媒介（钝缘蜱属软蜱）也是传染源；还可通过污染的栏舍、车辆、器具、衣物等间接传染。

病猪、康复猪和隐性感染猪为主要传染源。病猪在发热前1~2天就可排毒，尤其从鼻咽部排毒。隐性带毒猪、康复猪可终生带毒，如非洲野猪及流行地区家猪。病毒分布于急性型病猪的各种组织、体液、分泌物和排泄物中。

临床症状

本病潜伏期为5~15天。《OIE陆生动物卫生法典》中说明，非洲猪瘟的感染期为40天。

（1）**急性型** 病猪突然高烧达41~42℃，稽留热约4天。食欲减退，脉搏加速，呼吸急促，伴发咳嗽。眼、鼻有浆液性或黏脓性分泌物。早期（48~72小时）白细胞及血小板减少，白细胞总数下降至正常的40%~50%，淋巴细胞明显减少，幼稚型中性粒细胞增多。

皮肤充血、发绀，尤其在耳、鼻、腹壁、尾、外阴、肢端等无毛或少毛处，呈不规则的瘀斑、血肿和坏死斑。呕吐，腹泻（有时粪便带血）。妊娠母猪可发生流产。发病后6~13天死亡，长的达20多天。猪死亡率通常可达100%，耐过者将终生带毒。

（2）**亚急性型** 病猪症状较轻，病程较长。发病后15~45天死亡，死亡率为30%~70%。妊娠母猪流产。

（3）**慢性型** 病猪呈不规则波浪热，呼吸困难，体重减轻。有时表现肺炎、心包炎。皮肤可见坏死、溃疡、斑块或小结；耳、关节、尾和鼻、唇可见坏死性溃疡脱落。关节呈无痛性软性肿胀。病程达2~15个月，死亡率低。

病理变化

1）急性病例的特征性病理变化是全身各脏器有严重的出血，特别是全身淋巴结出血最为明显。眼观可发现结膜充血、发绀，并有少数出血点。耳、吻突、四肢末端、会阴、胸腹侧及腋窝的皮肤出现紫斑，该部皮肤水肿而失去弹性。皮肤有小出血点，出血点中央暗红，边缘色浅，尤以腿、腹部更为明显。皮下组织血管充血，扁桃体肿大、出血、有坏死灶，下颌、肩前、腹股沟浅淋巴结中度肿大，轻度出血。胸腔和腹腔积有大量浅黄色液体，有时也混有血液。内脏淋巴结肿大，部分或全部出血。脾脏瘀血、出血、高度肿大，呈紫黑色；切面见有大量血粥样物质流出，脾脏的固有结构被破坏。心肌柔软，心内、心外膜有散在小出血点，有时广泛出血；心包积液，心肌常见充血、出血。肾脏脂肪囊及肾脏表面有点状出血，严重时肾脏表面布满出血点，犹如猪瘟时的雀蛋肾；极少数病例肾乳头弥漫性出血，肾盏及肾盂水肿，充满血液。有时膀胱黏膜呈弥漫性潮红及数量不等的小出血点。肺充血、出血、膨胀水肿；有时出现肺间质水肿，肺间质结缔组织充满淋巴液，切面有泡沫状液体，肺门淋巴结肿大、出血、切面呈大理石样变。肝脏肿大、瘀血，表面常见大量出血点，实质变性；肝门淋巴结高度肿大，多严重出血，常呈紫黑色。胃底黏膜严重出血，胃内可见暗红色血样食糜，胃门淋巴结肿大、出血。肠系膜淋巴结肿大、出血，肠道内可见黑色的稀薄内容物。胆囊充盈胆汁，其浆膜与黏膜出血，胆管及胆囊壁水肿，出血，有明显的胶冻样水肿层，胆汁中可见黑色浓稠物质。脑软膜血管充血，水肿。

2）慢性病例极度消瘦，较明显的主要病变是浆液性纤维素心外膜炎。心包膜增厚，与心外膜及邻近肺组织粘连。心包腔内积有浅黄色液体，其中混有纤维素团块。胸腔内有大量黄褐色液体。肺呈支气管肺炎，病灶常限于尖叶及心叶。

3）病理组织学特点。血液中白细胞总数减少，中性粒细胞比例增加，淋巴细胞显著减少。皮肤和内脏的小血管和毛细血管血液淤滞，血管内皮细胞肿胀、变性，血管壁玻璃样变及血栓形成，血管周围有少量嗜酸性粒细胞浸润。

肺门淋巴结肿大、出血，切面呈大理石样变

肝门淋巴结高度肿大、严重出血，呈紫黑色

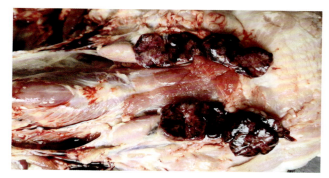

下颌淋巴结肿大、出血，切面多汁

胃门淋巴结肿大、出血

肠系膜淋巴结肿大、出血

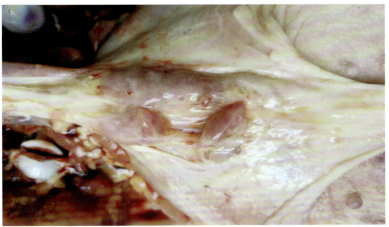
腹股沟淋巴结肿大、出血,其周围水肿

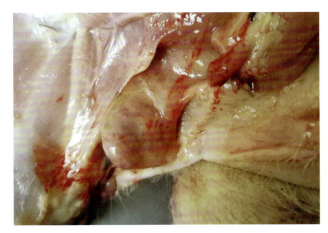
肩前淋巴结肿大、出血,其周围水肿

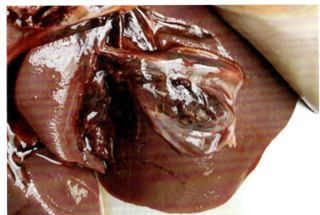
胆囊壁增厚,呈现严重水肿

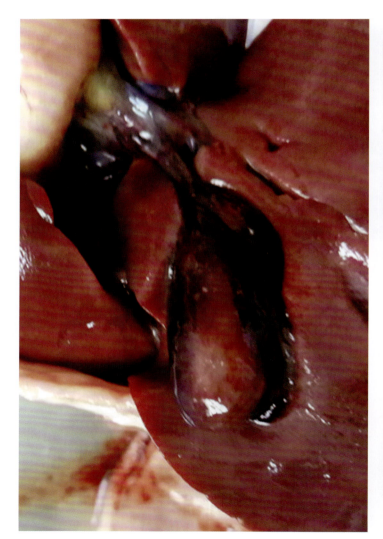

胆管及胆囊壁出血及明显水肿

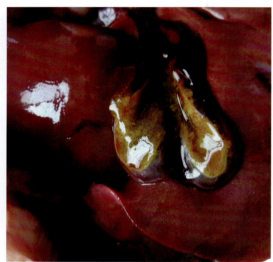

胆囊壁出现明显的胶冻状水肿层

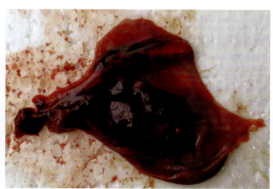

胆囊壁水肿，黏膜出血

第一章 病毒病

胆囊黏膜出血，胆汁中可见黑色浓稠物质

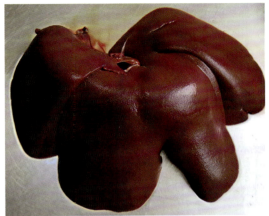
肝脏肿大，瘀血和出血，呈暗红色

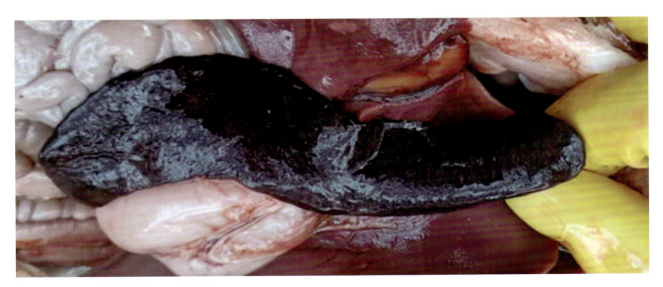
脾脏高度肿大，严重瘀血和出血，呈紫黑色

脾脏高度肿大,横切面呈暗红色

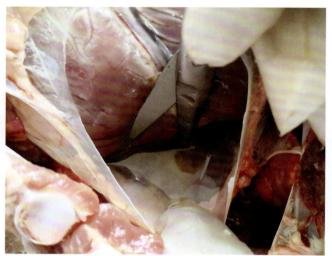

心包内积有浅黄色液体

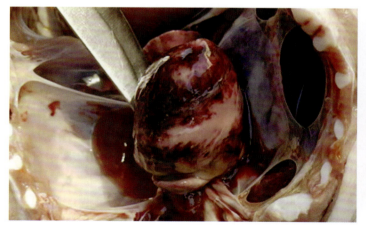

心外膜严重出血

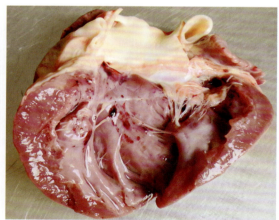

心内膜出血

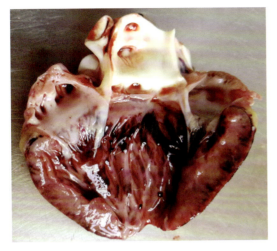
心内膜严重出血

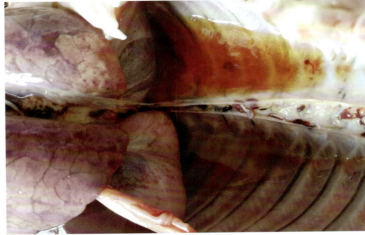
胸腔出现浅黄色积液

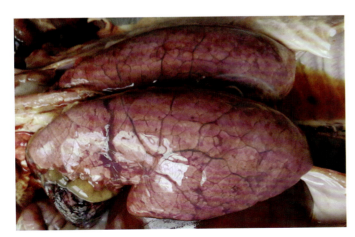
肺严重水肿，间质明显增宽

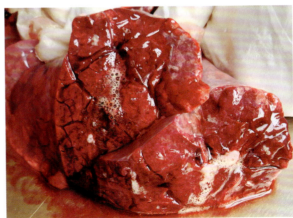
肺间质增宽，切面流出大量泡沫状液体

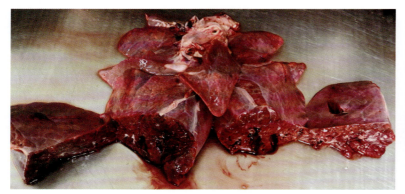

肺严重瘀血、出血、水肿，呈现暗红色

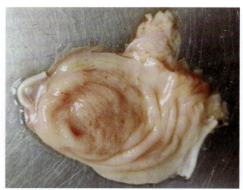

膀胱黏膜出现大量点状出血

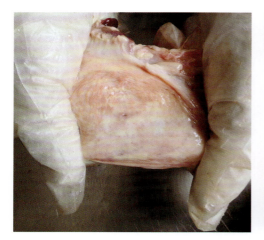

膀胱黏膜潮红，有出血点

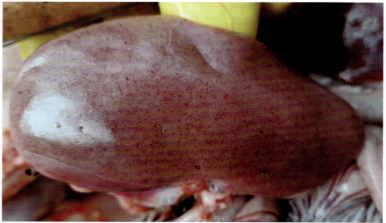

肾脏有大量出血点

第一章 病毒病

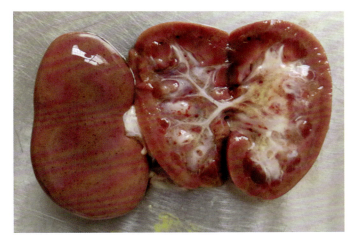

肾脏出现大量出血点，肾盏及肾盂水肿

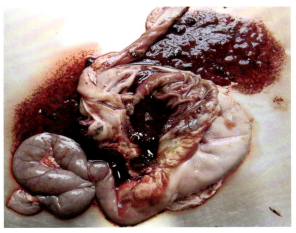

胃内可见暗红色血样食糜

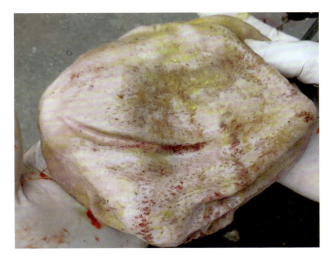

胃底黏膜严重出血

肠道内可见黑色稀薄的内容物

扁桃体肿大、出血，有坏死灶

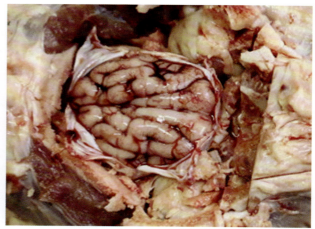
脑软膜上的血管高度充血，周围水肿

诊断要点

（1）临床症状　皮肤充血、发绀，尤其在耳、鼻、腹壁、尾、外阴、肢端等无毛或少毛处，呈不规则的瘀斑、血肿和坏死斑。呕吐，腹泻。

（2）剖检变化　全身各脏器有严重的出血，特别是淋巴结出血最为明显。脾脏瘀血、出血，极度肿大，呈紫黑色，切面见有大量血粥样物质流出。胆囊壁水肿。

防控措施

本病目前也没有有效的预防疫苗，故对本病的预防措施主要是防止疾病的传播。在无本病的国家和地区，应对由飞机和船舶带来的猪瘟病毒阳性肉制品及食物废料等进行焚毁；不得从有本病发生的国家和地区引进种猪；事先建立诊断本病的方法，并在临床实践中注意本病的新动向，以便及时发现。

一旦发现可疑疫情，应立即上报，并将病料严密包装，迅速送检。同时按《中华人民共和国动物防疫法》规定，采取紧急、强制性的控制和扑灭措施。封锁疫区，控制疫区猪移动。迅速扑杀疫区所有活猪，无害化处理动物尸体及相关动物产品。对栏舍、场地、用具进行全面清扫及消毒。详细进行流行病学调查，包括上下游地区的疫情调查。对疫区及其周边地区进行监测。

三、猪细小病毒感染

简介

猪细小病毒感染是一种猪繁殖障碍性疾病，本病主要表现为胚胎和胎儿的感染和死亡，特别是初产母猪发生死胎、畸形胎和木乃伊胎，但母猪本身无明显症状。本病多感染头胎母猪，病毒可通过胎盘传染给胎儿。

病原与流行特点

病原为猪细小病毒。各种不同年龄、性别的家猪和野猪均易感。传染源主要为感染猪细小病毒的母猪和带毒的公猪，后备母猪比经产母猪易感染，病毒能通过胎盘垂直传播，而带毒猪所产的活猪可能带毒、排毒时间很长，甚至终生带毒。被感染的种公猪也是本病最危险的传染源，可在公猪的精液、精索、附睾、性腺中分离到病毒，种公猪通过配种传染给易感母猪，并使本病传播扩散。

临床症状

临床上常发生于猪妊娠早期、中期、后期。

1）猪群暴发此病时常有木乃伊胎、窝仔数减少、母猪难产和重复配种等临床表现。

2）妊娠早期30~50天感染，胚胎死亡或被吸收，使母猪不孕和不规则地反复发情。

3）妊娠中期50~60天感染，胎儿死亡后形成木乃伊。

4）妊娠后期约60天以上的胎儿有自免能力，能够抵抗病毒感染，则大多数胎儿能存活下来，但可长期带毒。

病理变化

病变主要在胎儿，可见感染胎儿充血、水肿、出血、体腔积液、脱水（木乃伊化）及坏死等病变。子宫内可见死胎和木乃伊胎，死胎常见肺充血潮红及心外膜出血，有时也可看到胎盘部分钙化。

死胎及木乃伊胎

木乃伊胎

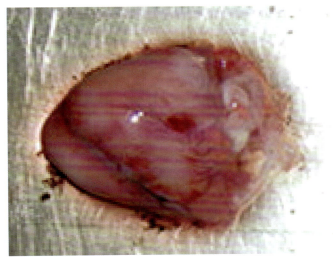
死胎的心外膜出血

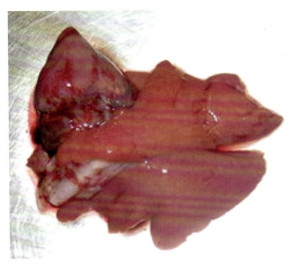
死胎的肺充血潮红及心外膜出血

诊断要点

（1）临床症状　初产母猪流产、母猪不孕和不规则地反复发情。

（2）剖检变化　胎儿充血、水肿、出血、体腔积液、脱水（木乃伊化）及坏死。

预防措施

（1）采取综合性防控措施　猪细小病毒对外界环境的抵抗力很强，要使一个无感染的猪场保持下去，必须采取严格的卫生措施，尽量坚持自繁自养，如果需要引进种猪，必须从无猪细小病毒感染的猪场引进。若需引进种猪时，要进行猪细小病毒的血凝抑制试验，当HI滴度在1∶256以下或阴性时，方准许引进。引进后严格隔离2周以上，当再次检测为HI阴性时，方可混群饲养。发病猪场，应特别注意防止小母猪在第 1 胎时被感染，可把其配种期拖延至 9 月龄时，此时母源抗体已消失（母源抗体可持续时间平均为 21 周），可通过人工主动免疫使其产生免疫力后再配种。

（2）**疫苗预防**　我国目前批准生产的猪细小病毒疫苗主要是灭活疫苗，如 L 株、YBF01 株、BJ-2 株、NJ 株。

推荐免疫程序：初产母猪 5~6 月龄免疫 1 次，2~4 周后加强免疫 1 次；经产母猪于配种前 3~4 周免疫 1 次；公猪每年免疫 2 次。

（3）**其他**　要严格引种检疫，做好隔离饲养管理工作，对病死尸体及污物、场地，要严格消毒，做好无害化处理工作。

治疗方法

猪细小病毒感染目前尚无有效的治疗方法，以疫苗预防为主。当有流产、死胎及产木乃伊胎等现象时，应在饲料或饮水中添加广谱抗菌类药物控制产后感染。

①对延时分娩的病猪及时注射前列腺烯醇注射液引产，防止胎儿腐败后滞留子宫，引起子宫内膜炎及不孕。

②对心脏功能差的使用强心药，机体脱水的要静脉补液。

四、猪伪狂犬病

简介

猪伪狂犬病是一种猪的急性传染病，在猪场呈暴发性流行。引起妊娠母猪流产、死胎，公猪不育，新生仔猪大量死亡，育肥猪呼吸困难、生长停滞等，是危害全球养猪业的重大传染病之一。多种动物都可感染本病，哺乳仔猪发病最多，死亡率很高；成年猪多呈隐性感染，能长期排毒，是主要的传染源。

病原与流行特点

病原为猪伪狂犬病病毒。猪是伪狂犬病毒的宿主，病猪、带毒猪及带毒鼠类为本病重要传染源。在猪场，伪狂犬病毒主要通过已感染猪排毒而传给健康猪，另外，被猪伪狂犬病毒污染的工作人员衣物和器具在传播中起着重要的作用。而空气传播则是猪伪狂犬病毒扩散的最主要途径。猪伪狂犬病的发生具有一定的季节性，多发生在寒冷的季节，但其他季节也有发生。

临床症状

新生仔猪感染猪伪狂犬病毒会引起大量死亡，临床上新生仔猪第1天表现正常，从第2天开始发病，出生后3~5天是死亡高峰期，有的整窝死亡。同时，发病仔猪表现出明显的神经症状，易惊、昏睡、鸣叫、呕吐、腹泻，一旦发病，1~2天就会死亡。15日龄以内的仔猪感染本病者，病情极严重，死亡率可达100%。仔猪突然发病，体温上升达41℃以上，精神极度委顿，发抖，运动不协调，间歇性抽搐，癫痫发作，泡沫样流涎，呕吐，腹泻，极少康复。断奶仔猪感染猪伪狂犬病毒，发病率在20%~40%，死亡率在10%~20%，主要表现为神经症状、腹泻、呕吐等。成年猪一般为隐性感染，若有症状也很轻微，易于恢复；主要表现为发热、精神沉郁，有些病猪呕吐、咳嗽，一般于4~8天完全恢复。妊娠母猪可发生流产、木乃伊胎或死胎，其中以死胎为主。无论是头胎母猪还是经产母猪都发病，而且没有严格的季节性，但以寒冷季节即冬末春初多发。

猪伪狂犬病的另一个发病特点是表现为种猪不育症。近几年发现有的猪场春季暴发伪狂犬病，出现死胎或断奶仔猪患伪狂犬病后，紧接着下半年母猪配不上种，返情率高达90%，有的屡配不孕。

母猪产死胎，其阴道内流出污红色的物质

产出大小基本一致的死胎且比较新鲜

产出的体弱仔猪

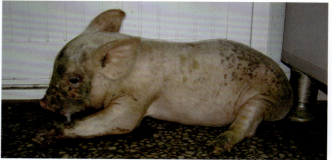
仔猪发病后易惊，出现惊恐状的神经症状

病理变化

　　主要可见肾脏有瘀血斑及针尖状出血点。肝脏、脾脏等实质脏器常可见灰白色坏死病灶，肝门淋巴结肿大、坏死。肾上腺出现坏死灶是本病的特征性病变。严重病例其扁桃体紫红，双侧扁桃体及咽喉部黏膜发生坏死。肺膨胀、充血、水肿、出血，有时出现坏死点。中枢神经系统症状明显时，软脑膜明显充血，脑脊液过量。子宫内感染后可发展为溶解性坏死性胎盘炎，造成流产、死胎，死胎股内侧皮下常出现血样水肿，贫血、消瘦。还可见到不同程度的卡他性胃炎和肠炎。组织学病变主要是中枢神经系统的弥漫性非化脓性脑膜脑炎及神经节炎，有明显的血管套及弥漫性局部胶质细胞坏死。在脑神经细胞内、鼻咽黏膜、脾脏及淋巴结的淋巴细胞内可见核内嗜酸性包涵体和出血性炎症，全身淋巴结肿大、出血、坏死。有时可见肝小叶周边出现凝固性坏死。增宽的肺小叶间质内有淋巴细胞、单核细胞浸润。

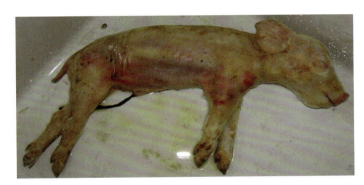

发育成型的死胎贫血、消瘦

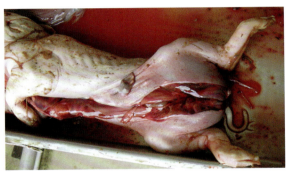

死胎股内侧皮下出现血样水肿

舌根部潮红，扁桃体紫红且坏死

双侧扁桃体及咽喉部黏膜坏死

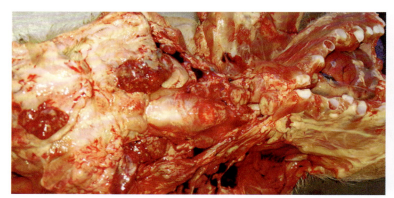

胸前口淋巴结肿大、坏死

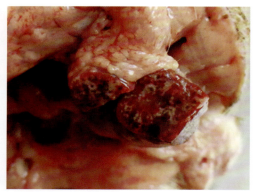

淋巴结肿大、出血、坏死

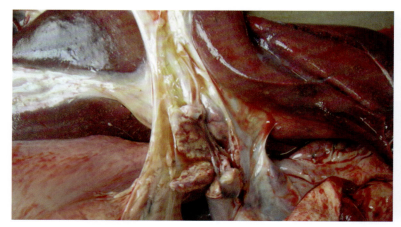

肝门淋巴结肿大、坏死

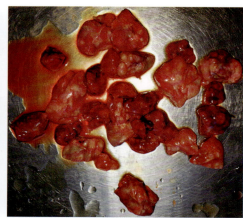

几乎全身淋巴结肿大、出血、坏死

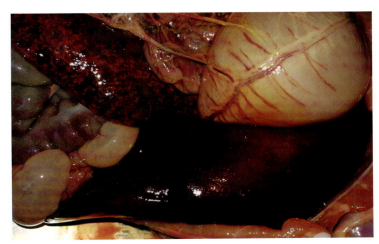
脾脏肿大、出血、坏死

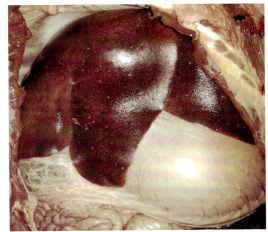
肝脏上可见大量灰白色坏死灶

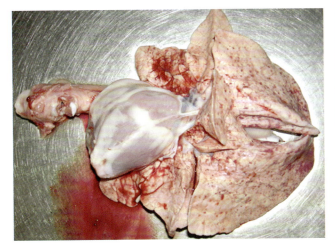
肺膨胀、出血

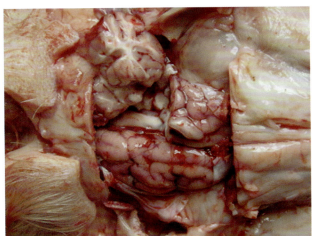
软脑膜充血、出血、水肿

诊断要点

（1）临床症状　种猪不育症、屡配不孕，幼龄仔猪感染病情最重，新生仔猪大批死亡。
（2）剖检变化　肾脏有瘀血斑、扁桃体及咽喉黏膜发生坏死、软脑膜明显充血、坏死性胎盘炎。

预防措施

（1）建立健康猪群　消灭场区内的鼠类对预防本病有重要意义。同时，还要严格控制犬、猫、鸟类和其他禽类进入猪场，严格控制人员来往，并做好消毒工作及血清学监测等，这对本病的防治也可起到积极的推动作用。此外，对猪群采血做血清中和试验，阳性猪隔离，以后淘汰。以3~4周为间隔，反复进行，一直到两次试验全部为阴性为止。另外还要培育健康猪，仔猪断奶后，尽快与母猪分开，隔离饲养，每窝仔猪均须与其他窝仔猪隔离饲养。到16周龄时，做血清学检查（此时母源抗体转为阴性），所有阳性猪淘汰，30天后再做血清学检查，把阴性猪合并成较大猪群，最终建立新的无病猪群。

（2）疫苗免疫接种　我国目前批准生产的疫苗有灭活疫苗（鄂A株）、弱毒疫苗（Bartha K61株、HB2000株、C株），以及三基因和双基因缺失疫苗SA215株（$gE^-/gI^-/TK^-$）、HB-98株（gG^-/TK^-）。但应用最为广泛的是Bartha K61株弱毒疫苗。

推荐免疫程序：猪伪狂犬病病毒抗体阴性仔猪，在出生后1周内滴鼻或肌内注射免疫；具有猪伪狂犬病病毒母源抗体的仔猪在45日龄左右肌内注射免疫；经产母猪每4个月免疫1次；后备母猪6月龄左右肌内注射免疫1次，间隔1个月后加强免疫1次，产前1个月左右再免疫1次；种公猪每年春、秋季各免疫1次。

哺乳仔猪免疫应根据本场猪群感染情况而定。本场未发生过且周围也未发生过猪伪狂犬疫情的猪群，可在30天以后免疫1头份灭活疫苗；若本场或周围发生过疫情的猪群应在19日龄或23~25日龄接种基因缺失弱毒疫苗1头份；频繁发生的猪群应在仔猪3日龄用基因缺失弱毒疫苗滴鼻。

疫区或疫情严重的猪场其保育和育肥猪群应在首免3周后加强免疫1次。

治疗方法

本病目前尚无特效疗法，在病猪出现神经症状之前，注射高免血清或病愈猪血清，有一定疗效，但是耐过猪长期携带病毒，应继续隔离饲养。

1）淘汰阳性反应猪。每隔30天血清学试验检查1次，连续检查4次以上，直至淘汰所有阳性反应猪；隔离饲养阳性反应母猪所生的仔猪，为保全优良血统，对阳性反应母猪的后裔在3~4周龄断奶时，分别按窝隔离饲养至16周龄，以血清学试验测其抗体，淘汰阳性反应猪，经30天再测其抗体，连续2次检疫均为阴性者，可作为后备种猪。

2）注射猪伪狂犬病油乳剂灭活疫苗。种猪（包括公、母猪）每6个月注射1次，母猪于产前1个月再加强免疫1次。种猪场仔猪于1月龄左右注射1次，隔4~5周重复注射1次，以后隔半年注射1次。种猪场一般不宜用弱毒疫苗。

3）发病肥育猪场的处理方法。淘汰发病哺乳仔猪外，其余仔猪和母猪一律注射猪伪狂犬病弱毒疫苗（Bartha K61株），哺乳仔猪第1次注射疫苗0.5毫升，断奶后再注射疫苗1毫升，3月龄以上的中猪、成年猪及妊娠母猪（产前1个月）注射2毫升，免疫期为1年。也可注射猪伪狂犬病油乳剂灭活疫苗，除免疫注射外，应加强猪场的一般综合性防治措施，防止猪伪狂犬病的传播。

4）发病猪可用中药方剂进行治疗。白芷15克、细辛10克、石菖蒲15克、天南星15克、竹黄10克、僵虫15克、大黄10克、杏仁15克、桔梗15克、广木香15克、法夏15克、全虫15克、防风15克、秦艽15克，用水煎服。

五、猪乙型脑炎

简介

猪乙型脑炎是一种急性人兽共患传染病，主要特征为高热、流产、产死胎和公猪睾丸炎。

病原与流行特点

病原为日本乙型脑炎病毒。乙型脑炎是自然疫源性疫病，许多动物感染后可成为本病的传染源，猪的感染最为普遍。本病主要通过蚊虫的叮咬进行传播，病毒能在蚊体内繁殖，并可越冬，经卵传递，成为第2年感染动物的来源。由于经蚊虫传播，因而流行与蚊虫的滋生及活动有密切关系，有明显的季节性，80%的病例发生在7~9月。猪的发病年龄与性成熟有关，大多在6月龄左右发病，其特点是感染率高，死亡率低。新疫区发病率高，病情严重，以后逐年减轻，最后多为无症状的带毒猪。

临床症状

猪感染乙型脑炎病毒时，临床上几乎没有脑炎症状；常突然发病，体温升至40~41℃，稽留热，病猪精神沉郁，食欲减退或废绝，粪干呈球状，表面附着灰白色黏液；有的猪出现神经症状，后肢呈轻度麻痹，步态不稳，关节肿大，跛行，角弓反张，不久死亡；有的病猪视力障碍；最后麻痹死亡。妊娠母猪突然发生流产，产出死胎、木乃伊胎和弱胎，胎儿出现脑水肿，母猪无明显异常表现，同胎也可以产出正常胎儿。公猪除有一般症状外，常发生一侧性睾丸肿大，也有两侧性的，患病睾丸阴囊皱襞消失、发亮，有热痛感，经3~5天肿胀消退，有的睾丸变小变硬，失去配种繁殖能力。若仅一侧发炎，仍有配种能力。

引起睾丸炎，左侧睾丸肿胀使阴囊皱褶消失

病猪精神沉郁，食欲废绝，有神经症状，不能站立

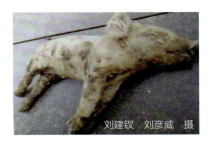
病猪角弓反张，不久死亡

病理变化

流产胎儿脑水肿，大脑皮质形成血管套，皮下水肿甚至呈血样浸润，肌肉似水煮样，腹水增多；木乃伊胎从拇指大小到正常大小；肝脏、脾脏、肾脏有坏死灶；全身淋巴结出血；肺瘀血、水肿。子宫黏膜充血、出血和有黏液。胎盘水肿或见出血，浆膜有出血斑。公猪睾丸实质充血、出血，有小坏死灶；睾丸硬化，体积缩小，与阴囊粘连，实质结缔组织化。

轻度木乃伊胎

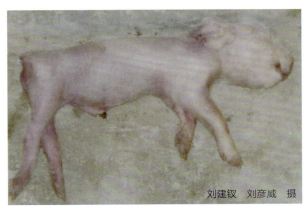
因出现脑水肿而使头部肿大的胎儿

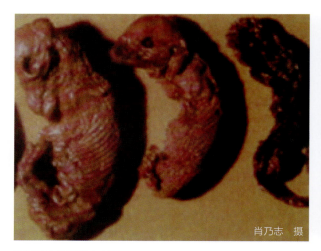

产出的木乃伊胎大小不一

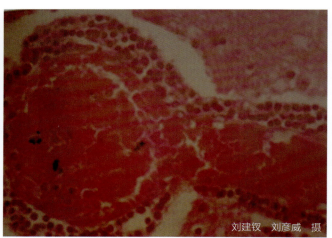

大脑皮质形成血管套

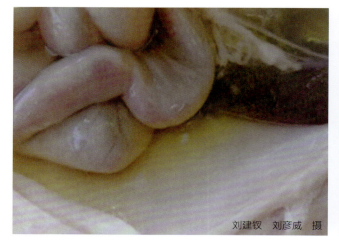

死亡胎儿腹腔积液

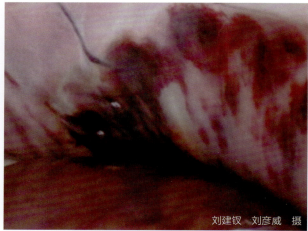

死亡胎儿浆膜有出血斑

诊断要点

（1）临床症状　高热稽留；粪干、呈球状，表面附着灰白色黏液。母猪流产、公猪有睾丸炎。

（2）剖检变化　胎儿脑水肿，肌肉呈水煮样，流产胎儿脏器有坏死灶，胎盘水肿。公猪睾丸实质充血坏死。

防控措施

（1）采取综合性防疫卫生措施　要经常注意猪场周围的环境卫生，排除积水，消除蚊蝇的滋生场所，同时也可使用灭虫药在猪舍内外经常喷洒消灭蚊蝇。

（2）及时进行免疫　我国目前批准生产的疫苗主要有猪乙型脑炎油乳剂灭活疫苗 HW1 株、猪乙型脑炎活疫苗 SA14-14-2 株。

对于灭活疫苗，种猪于 6~7 月龄（配种前）或蚊虫出现前 20~30 天注射疫苗 2 次（间隔 10~15 天）；经产母猪及成年公猪每年注射 1 次，每次 2 毫升。对于活疫苗，6~7 月龄后备种母猪和种公猪配种前 20~30 天肌内注射 1 毫升，以后每年春季加强免疫 1 次；经产母猪和成年公猪，每年春季免疫 1 次，肌内注射 1 毫升。在乙型脑炎流行区，仔猪和其他猪群也应接种。

在做好免疫的同时，做好消毒工作，防虫驱蚊。禁止畜禽混养，并防止蝙蝠等进出。

六、猪繁殖与呼吸综合征

简介

猪繁殖与呼吸综合征，又称为猪流行性流产和呼吸综合征、猪不育和呼吸综合征，俗称蓝耳病。

本病以母猪妊娠晚期流产，死胎和弱胎明显增加，母猪再发情推迟等繁殖障碍，以及仔猪出生率降低，断奶仔猪死亡率高，仔猪出现呼吸道症状为特征。病毒主要侵害巨噬细胞，损害机体免疫机能，使病猪极易继发各种疾病。

病原与流行特点

病原为动脉炎病毒属动脉炎病毒科病毒，属于 RNA 病毒。有两个血清型，即美洲型和欧洲型。我国猪群感染的主要是美洲型。本病原主要感染途径为呼吸道，空气传播、接触传播、精液传播和垂直传播为主要的传播方式，病猪、带毒猪和患病母猪所产的仔猪及被污染的环境、用具都是重要的传染源，痊愈猪仍携带病毒并可长期排毒。本病在仔猪中传播比在成年猪中传播更容易。当健康猪与病猪接触，如同圈饲养、频繁调运、高度集中，都容易导致本病发生和流行。猪场卫生条件差、天气恶劣、饲养密度大，可促进猪繁殖与呼吸综合征的流行。鼠类可能是猪繁殖与呼吸综合征病原的携带者和传播者。

临床症状

（1）母猪　初期出现厌食、体温升高、呼吸急促、流涕等类似感冒的症状，少部分（2%）感染猪四肢末端、尾、乳头、阴户和耳尖发绀，并以耳尖发绀最为常见。个别母猪腹泻，后期则出现四肢瘫痪等症状，一般持续1~3周，最后可能因为衰竭而死亡。妊娠前期的母猪流产，妊娠中期的母猪产死胎、木乃伊胎，或者产下弱胎、畸形胎，哺乳母猪产后无乳，乳猪多被饿死。

（2）公猪　表现咳嗽、打喷嚏、精神沉郁、食欲减退、呼吸急促和运动障碍、性欲减弱、精液质量下降、射精量少。

（3）生长肥育猪和断奶仔猪　主要表现为厌食、嗜睡、咳嗽、呼吸困难，有些猪双眼肿胀，出现结膜炎和腹泻，有些断奶仔猪表现腹泻、关节炎、耳朵呈紫红色、皮肤有出血斑。

（4）哺乳期仔猪　多表现为被毛粗乱、精神不振、呼吸困难、气喘或耳朵发绀，有的有出血倾向，皮下有斑块，出现关节炎、败血症等症状，死亡率高达60%。仔猪断奶前死亡率增加，高峰期一般持续8~12周，而胚胎期感染病毒的，多在出生时即死亡或生后数天死亡，死亡率高达100%。

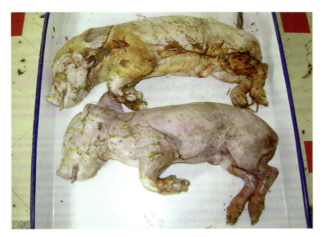
死胎已发育成形，大小基本一致

哺乳仔猪腹泻，虚弱，步态不稳

病猪耳朵呈紫红色

病理变化

剖检猪繁殖与呼吸综合征病死猪，尸体多处皮肤发绀，特别是两耳可见发绀。主要眼观病变是肺切面呈现大叶性肺炎样变化，并伴有细胞浸润和卡他性肺炎区，肺水肿，有的出现肺胰样变；新生病死仔猪在腹膜及肾周围脂肪、肠系膜淋巴结、皮下脂肪和肌肉等处发生水肿。断奶仔猪和生长肥育猪，病初气管及支气管内可见有大量泡沫状液体，后期可形成痰液；肝脏肿大、瘀血、出血；脾脏轻度肿大和出血，表面高低不平，质脆；肾脏瘀血，色微浅，皮质部有大量针尖状出血点；膀胱黏膜可见出血点；淋巴结肿大、出血；胃黏膜出血、溃疡。

在显微镜下观察，可见鼻黏膜上皮细胞变性，纤毛上皮消失，支气管上皮细胞变性，肺泡壁增厚，间有巨噬细胞和淋巴细胞浸润。母猪可见脑内灶性血管炎，脑髓质可见单核淋巴细胞性血管套，动脉周围淋巴鞘的淋巴细胞减少，细胞核破裂和空泡化。

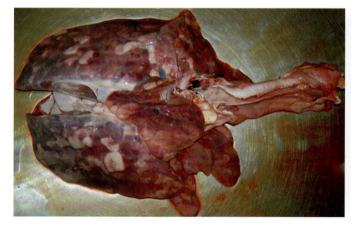

肺呈胰样变和肝变，表现瘀血、出血、水肿

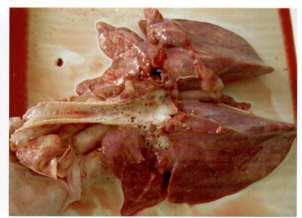

下呼吸道内可见大量泡沫性液体

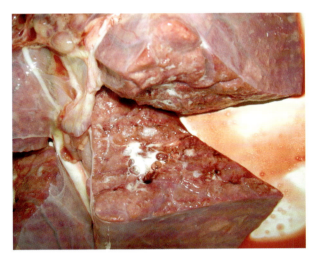
肺肿大，切面出血、水肿

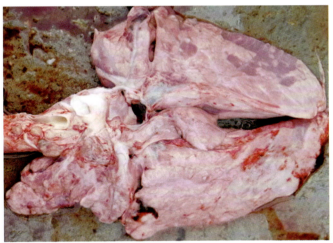
肺膨胀，呈现典型的胰样变

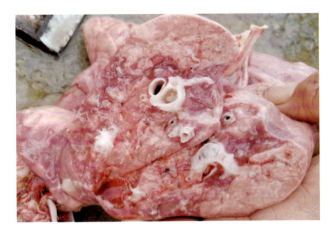
肺切面呈现大叶性肺炎样变化

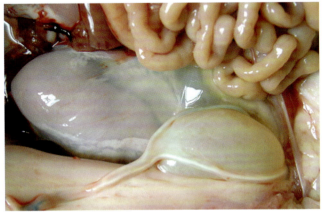
所产死胎的肾脏周围可见明显的水肿

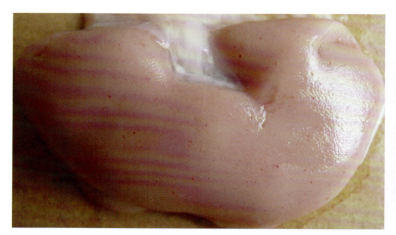

死胎肾脏表面有大量针尖状出血点

肾脏表面可见针尖状出血点

脾脏肿大,表面高低不平,质脆

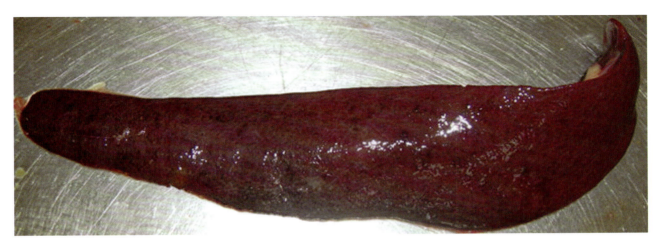
脾脏明显肿大、瘀血、出血

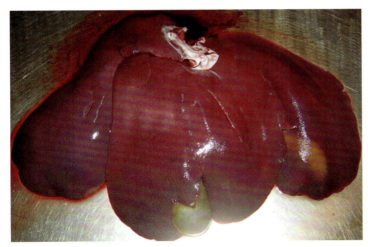
肝脏轻度肿大、瘀血，胆囊轻度扩张

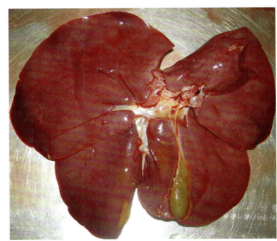
肝脏轻度肿大、瘀血、出血

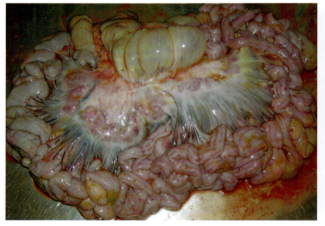
肠系膜淋巴结肿大，轻度出血

胃底黏膜肿胀、出血

诊断要点

（1）**临床症状**　有"蓝耳"症状，呼吸困难，流产或产出大小基本一致的死胎。
（2）**剖检变化**　皮肤发绀，肺出现胰样变或肝变，肺瘀血、出血、水肿。

防控措施

1）及时注射疫苗。一般情况下，种猪接种灭活疫苗，而育肥猪接种弱毒疫苗。因为母猪若在妊娠期后1/3的时间接种活疫苗，疫苗病毒会通过胎盘感染胎儿；而公猪接种活疫苗后，可能通过精液传播疫苗病毒。弱毒疫苗的免疫期为4个月以上，后备母猪在配种前进行2次免疫，首免在配种前2个月，间隔1个月进行二免。仔猪在母源抗体消失前首免，母源抗体消失后进行二免。灭活疫苗安全，但免疫效果略差，基础免疫进行2次，间隔3周，每次每头肌内注射4毫升，以后每隔5个月免疫1次，每头4毫升。

2）药物预防。受疫情威胁的猪场应在饲料和饮水中添加药物。产前1周和产后1周，在饲料中添加支原净（延胡索酸泰妙菌素）100毫克/千克，加土霉素或金霉素300毫克/千克，也可添加泰万菌素或磺胺甲噁唑，产后肌内注射阿莫西林。仔猪在断奶后1个月，用支原净50毫克/千克，加土霉素或金霉素150毫克/千克，拌料饲喂，同时用阿莫西林500毫克/升饮水。

3）彻底净化消毒。最根本的办法是消除病猪、带毒猪和彻底消毒猪舍（如热水清洗、空栏消毒），严密封锁发病猪场，对死胎、木乃伊胎、胎衣、死猪等，应进行焚烧等无害化处理，及时扑杀、销毁患病猪，切断传播途径。坚持自繁自养，因生产需要不得不从外地引种时，应严格检疫，避免引入带毒猪。

4）加强饲养管理，调整好猪的日粮，把矿物质（铁、钙、锌、硒、锰等）提高5%~10%，维生素含量提高5%~10%，其中维生素E提高100%、生物素提高50%，平衡好赖氨酸、蛋氨酸、胱氨酸、色氨酸、苏氨酸等，都能有效提高猪群的抗病力。

另外，在母猪分娩前20天，每天每头母猪投喂阿司匹林8克，直到产前1周停止，可有效减少流产的发生。

七、猪流感

简介

猪流感是猪的一种急性传染性呼吸系统疾病，特征为突发，咳嗽，呼吸困难，发热，可迅速转归。秋末和冬春季节多发，但全年可传播。本病可在猪群中造成暴发。通常情况下人很少感染猪流感病毒，但要做好个人保护。

病原与流行特点

病原为甲型（A型）流感病毒。各年龄段、性别和品种的猪对本病毒都有易感性。病猪和带毒猪是猪流感的传染源。病猪从呼吸道排毒，主要经空气中的飞沫和尘埃传播，此外，人员、用具及饲料等也是传播媒介。本病传播迅速，常呈地方流行性或大流行。本病发病率高，死亡率低（4%~10%），痊愈后猪还会带毒6~8周。本病的流行有明显的季节性，天气多变的秋末、寒冷的冬季和早春易发生。

临床症状

本病潜伏期很短，几小时到数天，自然发病时平均为4天。发病初期病猪体温突然升高至40.3~41.5℃，有时高达42℃，皮肤发红。食欲减退或废绝，极度虚弱乃至虚脱，常卧地。呼吸急促、腹式呼吸、阵发性咳嗽。结膜潮红，从眼和鼻流出灰白色黏液，鼻液有时带血。病猪挤卧在一起，难以移动，触摸肌肉僵硬、疼痛，出现膈肌痉挛。如果有继发感染，则病势加重。

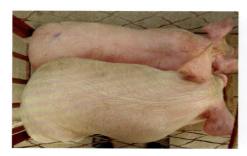

病猪皮肤发红

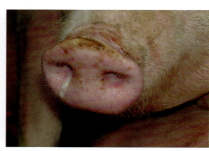

病猪流出灰白色鼻液

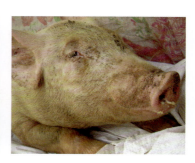

结膜潮红，流泪，流脓性鼻液

病理变化

猪流感的病理变化主要在呼吸器官。鼻、咽、喉、气管和支气管的黏膜充血、肿胀，表面覆有黏稠的灰白色黏液，小支气管和细支气管内充满泡沫样渗出液。肺瘀血、出血、水肿，病变常发生于尖叶、心叶、副叶、膈叶的背部与基底部，与周围组织有明显的界线，颜色由红至紫，凹陷、坚实，韧度似皮革，常为双侧呈不规则的对称，如果是单侧性的则以右侧最常见。胸腔、心包腔蓄积大量混有纤维素的浆液。心冠脂肪、心内膜出血。肝脏微黄、出血。脾脏肿大、出血。肾乳头出血，呈暗红色，髓质部潮红。胃黏膜充血、潮红。颈部淋巴结、纵隔淋巴结、支气管淋巴结肿大多汁。继发感染时，则发生纤维素性出血性肺炎或肠炎。

喉头黏膜高度充血，表现明显潮红

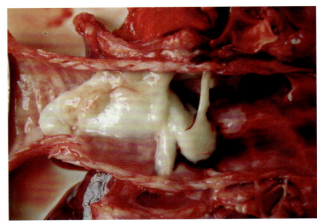

气管内可见灰白色黏痰

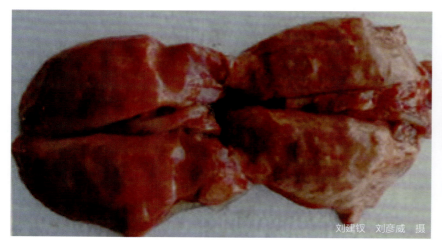

肺膨胀不全，局部出现凹陷

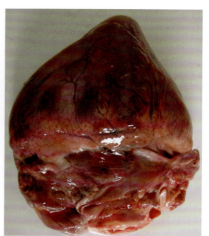

心冠脂肪潮红、出血

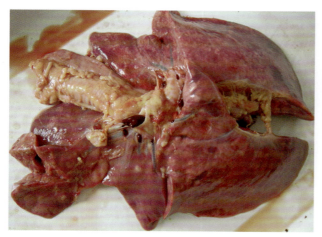

肺瘀血、出血、水肿

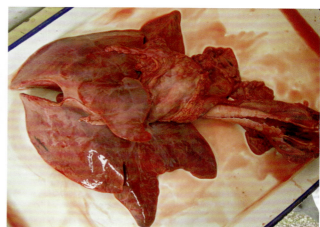

肺瘀血、水肿，特别表现在肺前下部

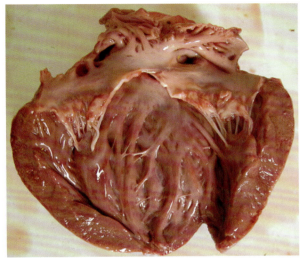

心内膜轻度出血

肝脏微黄、肿大、出血

肾乳头出血，呈暗红色，髓质部潮红

胃黏膜充血、潮红

诊断要点

（1）**临床症状**　发热、呼吸急促、腹式呼吸、阵发性咳嗽、眼和鼻流出黏液、肌肉疼痛。
（2）**剖检变化**　呼吸道有黏液，肺膨胀不全，肺瘀血、出血、水肿，其病变双侧呈不规则对称。

预防措施

（1）**加强饲养管理**　加强饲养管理，提高猪群的营养。定时清洁环境卫生，对已患病的猪及时进行隔离治疗。①卧床上要勤换干草，并定期用5%氢氧化钠溶液对猪舍进行消毒。②密切注意天气变化，一旦降温，及时取暖保温。③防止易感猪群对已感染猪群接触。人发生甲型流感时，也不能与猪接触。
（2）**免疫接种**　用猪流感油佐剂灭活苗对猪连续接种2次，免疫期可达8个月。

治疗方法

目前，对猪流感尚无特效治疗药物，但可对症治疗，同时预防继发感染。
（1）**加强消毒和饲养管理**　为了避免人兽共患，饲养管理员和直接接触猪的人宜做好有效防护措施，注意个人卫生；经常使用肥皂或清水洗手，平时应避免接触有流感样症状（发热、咳嗽、流涕等）或肺炎的病人，尤其在咳嗽或打喷嚏时要特别注意；避免接触猪或从前有猪病的场所；避免前往人群拥挤的场所；咳嗽或打喷嚏时用纸巾捂住口鼻，然后将纸巾丢到垃圾桶。对死因不明的猪一律焚烧、深埋，再做消毒处理。如果人不慎感染了猪流感病毒，应立即向上级卫生主管部门报告，接触病患的人群应做7天医学隔离观察。

（2）对症疗法

1）西药疗法。

①可选用柴胡注射液（小猪每头每次3~5毫升，成年猪5~10毫升），或30%安乃近3~5毫升（每头体重为50~60千克），或复方氨基比林5~10毫升（每头体重为50~60千克），加上青霉素（或氨苄西林、阿莫西林等），进行肌内注射。

②对于重症病猪每头选用青霉素600万国际单位、链霉素300万国际单位、安乃近30毫升，再添加适量地塞米松，一次肌内注射，每天2次。

③对严重气喘病猪，需加用对症治疗药物，如平喘药氨茶碱，改善呼吸的尼可刹米，改善精神状况和支持心脏的安钠咖，解热镇痛药如复方氨基比林、安乃近等。

④对食欲减退和轻度感染者，可在饲料中添加土霉素原粉拌料饲喂。治疗过程中使用电解多维饮水，可促进病猪康复。本病无特效疗法，对症治疗可以缓解症状，防止继发感染。

2）中药疗法。

①荆芥、金银花、大青叶、柴胡、葛根、黄芩、木通、板蓝根、甘草、干姜各25~50克（每头体重以50千克计），把药晒干，粉碎成细面后拌入料中喂服，如无食欲，可煎汤灌服。

②金银花（后下）、柴胡各35克，桔梗、薄荷、黄芩各25克，连翘、板蓝根各20克，生地、玄参各30克。上药加水煎2次，共得药汁500毫升，分早晚2次灌服或拌食喂服。

③荆芥30克、防风30克、羌活20克、独活20克、柴胡30克、前胡20克、茯苓20克、神曲30克、川芎20克、甘草10克，水煎灌服。

④金银花10克、连翘10克、黄芩10克、柴胡10克、牛蒡子10克、陈皮8克、甘草5克，水煎灌服，连用3天。

八、猪圆环病毒病

简介

猪圆环病毒病是猪的一种新的传染病，能破坏机体的免疫系统，造成继发性免疫缺陷。其主要特征为猪体质下降、消瘦、腹泻、呼吸困难、咳喘、贫血和黄疸等。

病原与流行特点

病原为猪圆环病毒。主要发生在5~16周龄的猪，最常见于6~8周龄的猪。一般于断奶后2~3天或1周开始发病，极少感染哺乳仔猪。病猪和带毒猪是猪圆环病毒病的传染源。病猪可经鼻液、粪便等污染物排出病毒，经口腔、呼吸道途径感染不同年龄的猪，也可经胎盘、精液传播。猪在不同猪群间的移动是本病毒的主要传播途径。此外，人员、用具及饲料等也是传播媒介。本病的流行无明显的季节性。

临床症状

临床上多出现以下症状。

（1）**仔猪断奶后多系统衰竭综合征** 病猪表现精神沉郁，食欲减退，发热、行动迟缓，皮肤苍白、被毛蓬乱，以及以呼吸困难、咳嗽为特征的呼吸障碍。体表浅淋巴结肿大，肿胀的淋巴结有时可被触摸到，特别是腹股沟浅淋巴结；贫血、可视黏膜黄疸。较少发现的症状为腹泻和中枢神经系统紊乱。发病率一般很低，但死亡率都很高。

（2）**猪皮炎-肾病综合征**　病猪发热、食欲废绝、消瘦、贫血、可视黏膜苍白、跛行、结膜炎、腹泻等。特征性症状是在会阴部、四肢、胸腹部及耳朵等处的皮肤出现圆形或者不规则的紫红色斑点或斑块，有时这些斑块相互融合呈条带状，不易消失。

（3）**母猪繁殖障碍**　发病母猪主要表现为体温升高达41~42℃，食欲减退，出现流产，产死胎、弱胎、木乃伊胎。病后母猪受胎率低或不孕，断奶前仔猪死亡率上升达11%。

（4）**猪间质性肺炎**　临床上主要表现为猪呼吸道病综合征，多见于保育期和育肥期的猪。病猪咳嗽、流涕、呼吸急促，精神沉郁，食欲减退，生长缓慢。

（5）**传染性先天性震颤**　仔猪刚出生不久即发病，病仔猪颤抖由轻微到严重不等，一窝猪中感染的数量也变化较大。严重颤抖的病仔猪常在出生后1周内因不能吮乳而饥饿致死，耐过1周的哺乳仔猪能够存活，3周龄时康复。颤抖是两侧性的，哺乳仔猪躺卧或睡眠时颤抖停止。外部刺激如突然声响或寒冷等能引发或增强颤抖。有些猪一直不能完全康复，整个生长期和育肥期继续颤抖。

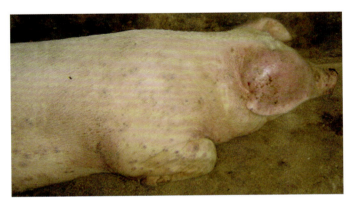

皮肤上出现硬币大小的出血斑，有的耳背部水肿

皮肤上出现微微凸出于皮肤的紫红色出血斑

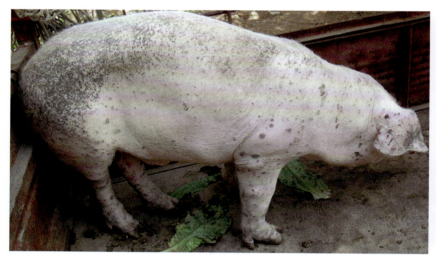

病猪贫血、消瘦，皮肤上出现紫红色出血斑

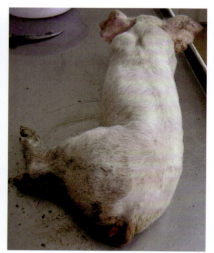

保育猪腹泻、贫血、消瘦、衰竭

病理变化

（1）**仔猪断奶后多系统衰竭综合征**　尸体贫血消瘦，可见间质性肺炎和黏液脓性支气管炎变化，喉头和气管黏膜潮红，气管内有黏痰及泡沫状液体。肺膨胀、瘀血、间质增宽，质地坚硬、呈橡皮样，其上面散在大小不等的褐色实变区（间质性肺炎）。肝质地变硬、呈暗红色，肝门淋巴结髓样肿大，胆囊轻度扩张。肾脏肿大、呈灰白色，皮质部潮红，肾脏表面可见白色斑点。脾脏轻度肿胀。胃食管区黏膜水肿，有大片溃疡形成。盲肠和结肠黏膜充血、出血。全身淋巴结肿大4~5倍，切面为灰黄色，可见出血，特别是腹股沟、胸前口、纵隔、肺门和肠系膜与下颌淋巴结髓样肿大。如果有继发感染则见胸膜炎、腹膜炎、心包积液、心肌出血、心脏变形、质地柔软。

（2）**猪皮炎-肾病综合征** 主要是出血性坏死性皮炎和动脉炎及肾小球性肾炎和间质性肾炎。肾脏明显肿大、苍白，表面覆盖有出血小点。脾脏整体肿大，有出血点或出血斑，特别是脾头和脾体明显肿胀出血，呈紫黑色。肝脏呈橘黄色外观。心脏肥大，心冠脂肪水肿，心包积液，心内、心外膜出血。胸腔和腹腔积液。淋巴结肿大，切面苍白。胃有溃疡。

（3）**母猪繁殖障碍** 可见产死胎与木乃伊胎，新生仔猪胸、腹腔积水，心脏扩大、松弛、苍白，有充血性心力衰竭。

（4）**猪间质性肺炎** 可见弥漫性间质性肺炎，呈灰红色，肺细胞增生，肺泡腔内有透明蛋白。细支气管上皮坏死。

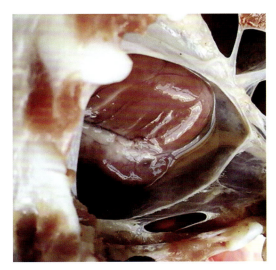

心包内积有清亮或浅黄色液体

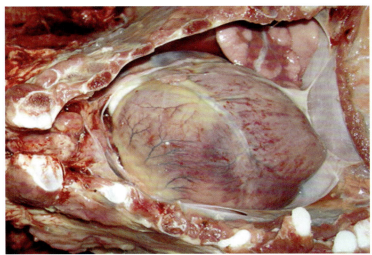

心冠脂肪水肿，心外膜出血

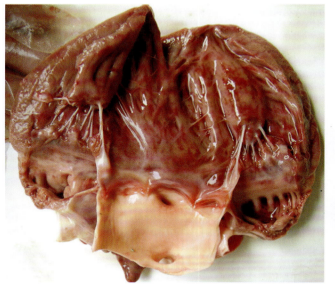

心内膜出血

腹股沟淋巴结髓样肿大

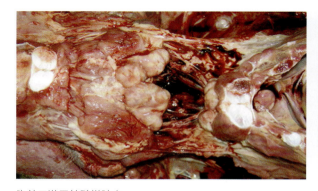

胸前口淋巴结髓样肿大

脾脏整体肿大，瘀血、出血，呈紫黑色

第一章 病毒病

脾头和脾体明显肿大，瘀血、出血，呈紫红色

脾脏肿大，脾头和脾体肿大更明显

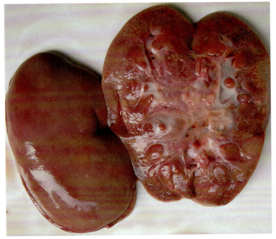

肾髓质部潮红，肾表面可见白色斑点

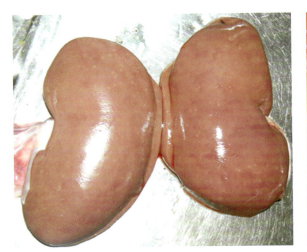

肾脏表面可见白色斑点

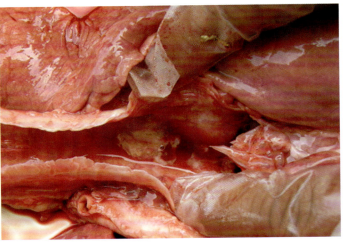

气管内有少量黏痰及泡沫状液体

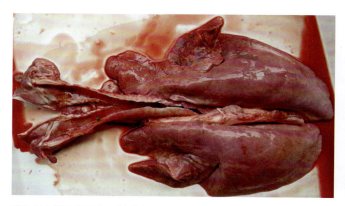

喉头和气管黏膜潮红，肺瘀血、水肿

肺呈现严重的瘀血、出血、水肿

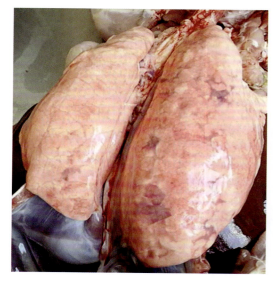

肺膨胀，呈现明显的肺气肿

肝门淋巴结髓样肿大，胆囊轻度扩张

诊断要点

（1）**临床症状** 猪体质下降、消瘦、腹泻、呼吸困难、咳喘。

（2）**剖检变化** 皮肤出现圆形或者不规则的紫红色斑点或斑块、淋巴结肿大、新生仔猪胸腹腔积水、心包积液、贫血和黄疸。

预防措施

（1）**免疫接种** 我国目前批准生产的圆环病毒疫苗有圆环病毒2型（PCV2）全病毒灭活疫苗和亚单位疫苗。颈部皮下或肌内注射。仔猪14~21日龄首免，1毫升/头，间隔2周以同样剂量加强免疫1次。

（2）**加强饲养管理**

1）分娩期。仔猪坚持全进全出制度，两批猪之间要清扫消毒；分娩前要清洗母猪和治疗寄生虫；限制交叉哺乳，如果确实需要也应限制在分娩后24小时以内。

2）断奶期。猪圈小，原则上一窝一圈，猪圈分隔坚固；坚持严格的全进全出制度，并有与邻舍分开的独立粪尿排出系统。

3）生长育肥期。猪圈小，壁式分隔；坚持严格的全进全出、空栏、清洗和消毒制度；断奶后移出的猪不再混群；整个育肥期不再混群；降低饲养密度（大于0.75米^2/头）；改善空气质量和温度。

4）其他。适宜的疫苗接种计划；保育舍要有独立的饮水加药设施；有严格的保健措施（断尾、断齿、注射时严格消毒等）；将病猪及早移到治疗室或扑杀。

治疗方法

（1）**加强消毒和饲养管理** 改进饲料质量，补充多种微量元素及维生素，禁止使用发霉变质的饲料。仔猪断奶后3~4周是预防猪圆环病毒病的关键时期。最有效的方法和措施是尽可能减少断奶仔猪的应激。避免过早断奶和断奶后更换饲料，断奶后要继续饲喂断奶前的饲料至少10天。

（2）**抗生素治疗** 用抗生素治疗猪圆环病毒病的效果不大，仅能减少继发性的细菌感染。

（3）**对症疗法**

①哺乳仔猪在3、7、21日龄肌内注射长效土霉素（200毫克/毫升），每次0.5毫升，或者在1、7日龄和断奶时各注射头孢噻呋（500毫克/毫升）0.2毫升。

②仔猪断奶前1周至断奶后1个月，用泰妙菌素50克，金霉素或土霉素或多西环素400克，阿莫西林500克混合拌料1吨饲喂，或者添加20%氟苯尼考500~1000克，泰乐菌素200~250克混合拌料1吨饲喂。继发感染严重的猪场，可在28、35、42日龄各肌内注射头孢噻呋（500毫克/毫升）0.2毫升。

③母猪在产前1周和产后1周，每吨饲料中添加金霉素或土霉素300克饲喂。

九、猪轮状病毒感染

简介

猪轮状病毒感染是一种急性肠道传染病，主要发生于10~60日龄仔猪，临床上以厌食、呕吐、腹泻为特点，种猪和大猪以隐性感染为特点。轮状病毒对外界环境的抵抗力较强，在18~20℃的粪便和乳汁中能存活7~9个月。

病原与流行特点

病原为轮状病毒。轮状病毒是一种双链核糖核酸病毒（双股RNA病毒），属于呼肠孤病毒科轮状病毒属。易感动物为犊牛、仔猪、羔羊,患病的人、动物及隐性带毒动物都是重要的传染源。轮状病毒存在于病猪的肠道内,随粪便排到外界环境污染饲料、饮水、垫草和土壤,经消化道传染而感染其他健康猪。本病传播迅速,多发生在晚秋、冬季和早春。卫生条件不良、大肠杆菌和冠状病毒等合并感染及喂非全价饲料等,对疾病的严重程度和死亡率均有较大影响。

临床症状

病猪病初精神委顿,被毛粗乱、步态不稳,食欲减退,常有呕吐,迅速发生腹泻,粪便呈水样或糊样、灰黄色或灰绿色,脱水。病症轻重决定于发病日龄和环境条件,特别是环境温度下降和继发大肠杆菌病时,常促使症状加重和死亡率升高。一般认为,经过免疫的母猪群,在乳汁中常含有较高滴度的抗体,可为仔猪提供乳源免疫力。因此,轮状病毒性腹泻常发生于断奶后,大多数感染为亚临床型,轻度腹泻且死亡率低。在成年猪群中,广泛存在能抵抗轮状病毒的中和抗体。

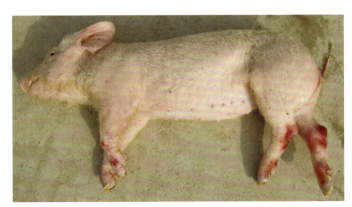

病猪被毛粗乱,步态不稳,以至于四肢下部出现磨损现象

病猪排出灰黄色或灰绿色稀便

病理变化

病变主要限于消化道。胃弛缓，充满凝乳块和乳汁。肠壁很薄，呈半透明状，肠臌气，肠内容物为浆液性和水样，呈灰黄色或灰黑色，小肠绒毛短缩扁平，有时小肠广泛出血，肠壁充血、潮红，肠黏膜轻度出血，肠系膜淋巴结肿大。肝脏、肺轻度充血、出血、瘀血。肾脏贫血，颜色变浅。

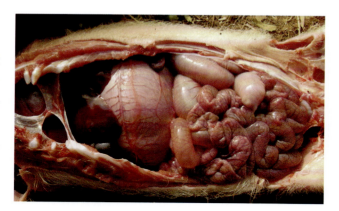

胃肠臌气，肠壁充血、潮红

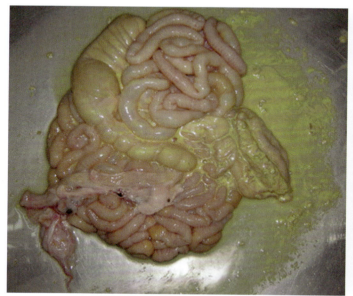

肠内含有灰黄色的稀薄内容物

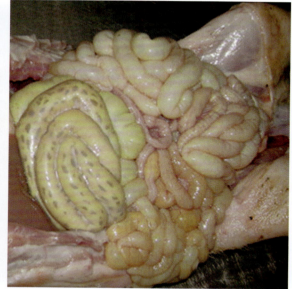

肠臌气，内有灰黄色的稀薄内容物

第一章 病毒病

肠黏膜充血潮红、轻度出血

肝脏轻度充血、出血

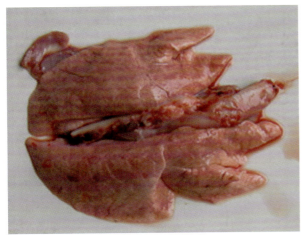

肺轻度充血、瘀血

肾脏贫血，颜色变浅

诊断要点

（1）**临床症状**　呕吐、腹泻、脱水。

（2）**剖检变化**　胃弛缓，充满凝乳块和乳汁，肠壁很薄，呈半透明状，肠内容物为浆液性和水样。

预防措施

1）严格科学防疫，建立防护屏障。全场种公猪、空怀母猪、妊娠母猪、哺乳仔猪、保育猪、育肥猪免疫注射猪传染性胃肠炎、猪流行性腹泻、猪轮状病毒三联活疫苗（简称"胃流轮三联活疫苗"）。妊娠母猪产前2~3个月用猪胃流轮三联活疫苗5头份，有条件的产前2~3周二免（5头份）；免疫母猪所生仔猪在5~7日龄接种猪胃流轮三联活疫苗1头份。这样可有效提高初乳抗体，保护仔猪渡过易感危险期。未免疫母猪所产仔猪在1日龄接种猪胃流轮三联活疫苗1头份。断奶仔猪在断奶前2~3天免疫接种猪胃流轮三联活疫苗2头份。

注意进针深度，3日龄内仔猪为1.5厘米，随猪龄增大而加深，成年猪为4厘米；免疫部位为交巢穴（即尾根与肛门中间凹陷的小窝部位）注射。

2）在疫区要使新生仔猪及早吃到初乳，因初乳中含有一定量的保护性抗体，仔猪吃到初乳后可获得一定的抵抗力。

3）猪舍及用具经常进行消毒，可减少环境中本病毒及其他病原微生物的存量，减少发病的机会。

4）发现病猪立即隔离到清洁、干燥、温暖的已消毒猪舍中，病猪自由饮用葡萄糖氯化钠。停止喂乳，投服收敛止泻剂，使用抗生素和磺胺类药物等以防止继发性细菌感染。静脉注射5%葡萄糖氯化钠注射液和5%碳酸氢钠注射液，以防脱水和酸中毒。

5）控制霉菌毒素中毒，可以在饲料中添加一定比例的脱霉剂，同时加入高档复合维生素。

治疗方法

本病尚无特效的治疗方法。采取补液，口服肠道收敛剂、免疫球蛋白制剂，饲喂含葡萄糖–甘氨酸的电解质溶液等措施，以最大限度地减轻由轮状病毒感染引起的脱水和体重下降。抗生素可防止继发感染。

使用葡萄糖–甘氨酸溶液（葡萄糖 22.5 克，氯化钠 4.75 克，甘氨酸 3.44 克，柠檬酸 0.27 克，枸橼酸钾 0.04 克，无水磷酸钾 2.27 克，溶于 1000 毫升水中）或葡萄糖氯化钠给病猪自由饮用。停止喂乳，投服收敛止泻剂。静脉注射葡萄糖氯化钠（5%~10%）和碳酸氢钠溶液（5%~10%）以防治脱水和酸中毒，一般可收到良好效果。

十、猪传染性胃肠炎

简介

猪传染性胃肠炎是猪的一种急性胃肠道传染病，以呕吐、水样腹泻、脱水为主要特征，不同品种和年龄的猪均易感，对仔猪影响最为严重，随着年龄的增长其症状减轻和发病率降低，多呈良性经过。

病原与流行特点

病原为冠状病毒科冠状病毒属传染性胃肠炎病毒。各种年龄的猪均有易感性，但是 2 周龄以内的仔猪的发病率和死亡率较高。其他动物对本病无易感性。主要传染源是病猪和康复后的带毒猪。病毒主要存在于猪的小肠黏膜、肠内容物、肠系膜淋巴结和扁桃体，随粪便排毒持续8周。主要通过吃入被污染的饲料经消化道感染，也可通过空气经呼吸道传染，密闭猪舍、湿度大和猪群集中的猪场更易传播。本病多发生在冬春寒冷的季节，即11月至第2年4月。

临床症状

潜伏期很短，仔猪为15~18小时，育肥猪为2~3天。

1）仔猪突然发生呕吐，继而发生急剧的水样腹泻，粪便为黄绿色和灰色，有时呈白色，并含凝乳块。部分病猪体温先短暂升高，腹泻后体温下降，迅速脱水，体重迅速减轻。严重口渴，食欲减退或废绝。日龄越小，病程越短，死亡率越高。一般经2~7天死亡，10日龄以内的仔猪有较高的死亡率，随着日龄的增长而死亡率逐渐降低。病愈仔猪生长发育缓慢。

2）育肥猪和成年猪的症状较轻，食欲减退，腹泻，体重迅速减轻，有时出现呕吐。母猪厌食，泌乳减少或停止。一般3~7天恢复，极少发生死亡。

病理变化

病死猪尸体肮脏、脱水，明显消瘦。主要病变在胃和小肠。仔猪胃内充满凝乳块，胃底黏膜轻度出血，有时在黏膜下有出血斑。小肠内充满黄绿色和灰白色液状物，含有泡沫和未消化的凝乳块，肠壁变薄而无弹性，肠壁扩张呈透明状。肠系膜血管扩张，淋巴结轻度或严重充血肿大、出血，肠系膜淋巴管内见不到乳糜。心内积血，心内膜出血，肺、肝脏、肾脏肿大、出血，肾乳头瘀血，呈暗红色。

哺乳仔猪呕吐、腹泻、脱水，很快衰竭死亡

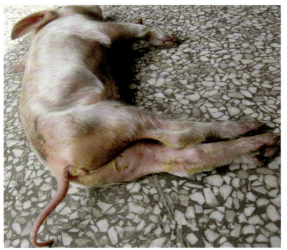
仔猪腹泻、脱水、消瘦

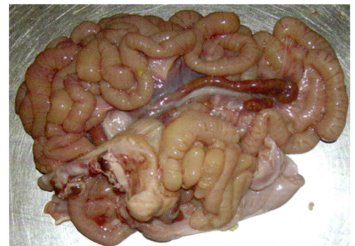
肠壁变薄，肠系膜淋巴结肿大、出血

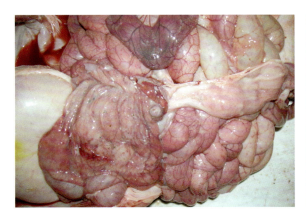
肠壁变薄，肠黏膜明显出血

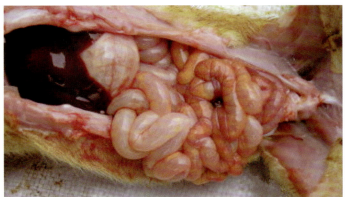
胃肠臌气，肠壁变薄

胃黏膜出血

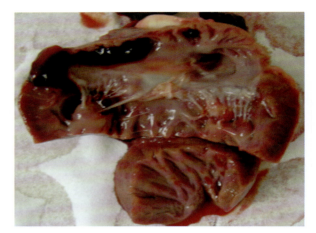
心内积血,心内膜出血

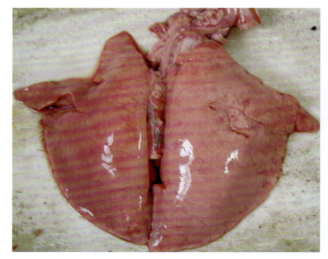
肺轻度瘀血、水肿

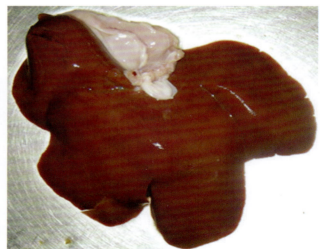
肝脏轻度肿大、出血

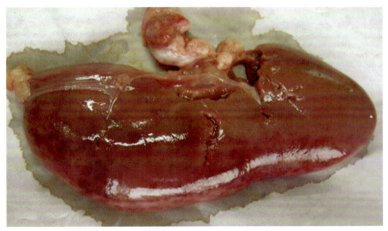
肾脏明显出血

肾乳头瘀血，呈暗红色

诊断要点

（1）临床症状　呕吐，水样腹泻，粪便有凝乳块。
（2）剖检变化　病死猪尸体肮脏、脱水，胃内充满凝乳块，肠壁变薄、扩张，呈透明状。

预防措施

1）免疫接种。我国目前批准生产的疫苗主要有：猪传染性胃肠炎和猪流行腹泻二联活疫苗（WH-1R 株 +AJ102-R 株、SCJY-1 株 +SCSZ-1 株、WH-1 株 +AJ102 株、HB08 株 +ZJ08 株）及猪传染性胃肠炎、猪流行性腹泻、猪轮状病毒（G5 型）三联活疫苗（弱毒华毒株 + 弱毒 CV777 株 + NX 株）。

母猪在分娩前5周和2周可使用二联活疫苗或三联活疫苗进行免疫，能使仔猪获得母源抗体，防止仔猪发病。对曾发生过猪传染性胃肠炎病的猪场，应在秋季和冬季对保育猪进行免疫接种。

2）实行全进全出制度，定期消毒，保持舍内清洁卫生，在寒冷季节应加强防寒保暖、通风，不准无关人员进入猪舍，饲喂营养丰富的饲料，供给洁净的饮水等，防止犬、猫及飞禽进入猪圈。

3）猪场一旦发生疫情，要立即隔离病猪，进行大规模消毒（用2%~3%氢氧化钠溶液消毒猪舍、运动场、用具、车辆等）。发病猪与健康猪严格隔离，将损失控制在最小范围内。

4）用高免血清和康复猪的抗凝血给新生仔猪皮下注射5~10毫升，口服10毫升。此外可采用对症疗法，对发病猪进行抗菌、补液，防止继发感染。

治疗方法

本病尚无特效疗法，对症治疗可以缓解症状，防止继发感染。可选用以下药物治疗。

（1）西药疗法

①抗生素：链霉素30万~50万国际单位、庆大霉素8万~16万国际单位，混合溶解后灌服，每天2次，连服2~3天。

②痢菌净注射液（乙酰甲喹）：每头仔猪2毫升，肌内注射，并口服小檗碱片，每次1~2片，每天2次，连服2~3天，疗效较好。

③对症治疗：对呕吐的仔猪，选择维生素B_1注射液，每头2~5毫升，肌内注射，每天2次，连用2天。对耳、鼻、四肢下部青紫者，用10%磺胺嘧啶钠注射液，每头2~5毫升；地塞米松磷酸钠，每头5~10毫克，肌内注射，每天2次，连续注射2天。对不吃不喝而脱水的仔猪，及时灌服葡萄糖氯化钠溶液，补充体液，每次20毫升，每天5次，至痊愈为止。

口服补液盐水，配方如下：氯化钠3.5克、碳酸氢钠2.5克、氯化钾1.5克、葡萄糖20克、加水至1000毫升。供猪自饮或灌服。

（2）中药辅助治疗

①黄连、大黄、乌梅各100克，白芍、地榆炭、甘草、柯子各150克，苦参、萹蓄、白头翁、神曲、藿香、车前子各200克。煎水2次，浓缩至500毫升，为10头猪1天量，分2次服完，连用3天。

②白头翁120克、秦皮100克、半夏50克、黄连50克、黄柏100克、板蓝根150克、枳壳70克、乌梅80克、诃子80克、甘草30克（10头仔猪1天用量），水煎2次，合并滤液（约600毫升），30日龄以下仔猪每头灌服10~20毫升，30日龄以上者灌服20~30毫升，每天1~2次，连服2~3天。

十一、猪流行性腹泻

简介

猪流行性腹泻是猪的一种高度接触性肠道传染病，以呕吐、腹泻和脱水为基本特征。

病原与流行特点

病原为猪流行性腹泻病毒。本病仅感染猪，各年龄的猪均易感。尤其以哺乳仔猪严重。病猪是主要的传染源，在肠绒毛上皮和肠系膜淋巴结内存在病毒，随粪便排出后污染环境和饲养用具而扩散传染。主要经消化道传播。有一定的季节性。我国多于每年11月~第2年4月流行。

临床症状

人工感染，新生仔猪为15~30小时，育肥猪为2天，自然感染时间可能更长。哺乳仔猪一旦感染，症状明显，表现呕吐、腹泻、脱水、运动僵硬等症状。少数病猪体温升高 1~2℃。腹泻开始时排黄色黏稠粪便，以后变成水样腹泻。临床症状的轻重随年龄而有差异，年龄越小症状越严重，1 周龄以内的仔猪常于腹泻后 2~4 天死亡，死亡率高达 50%；断奶仔猪、育肥猪症状较轻，出现精神沉郁、食欲减退，持续 1 周左右，逐渐恢复正常。成年猪仅表现精神沉郁、厌食、呕吐等临床症状。

哺乳仔猪体质虚弱，消瘦、脱水、衰竭

突然发病，多头猪呕吐、腹泻、脱水

腹泻，排出大量灰黄色稀便

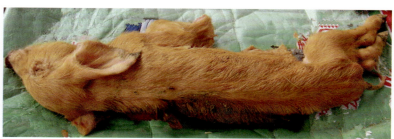

迅速脱水，体质瘦弱，衰竭死亡

病理变化

小肠病变具有特征性。主要病理变化为小肠臌气，充满浅黄色液体，肠壁变薄，个别肠黏膜有出血点，肠系膜淋巴结水肿，小肠绒毛变短，重症者绒毛萎缩，甚至消失。下颌淋巴结肿大、出血。肝脏和脾脏肿大、瘀血、出血，肾乳头出血、膀胱黏膜潮红，肺充血、出血。机体迅速脱水衰竭死亡。

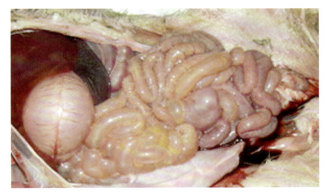

胃肠臌气，肠壁变薄

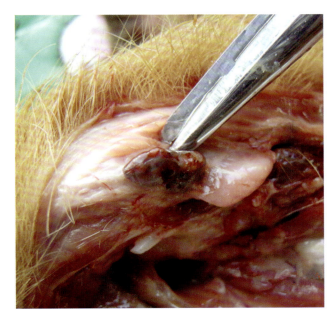

下颌淋巴结肿大、出血

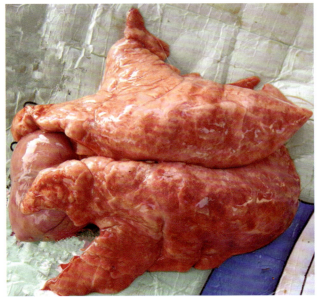

肺充血、出血

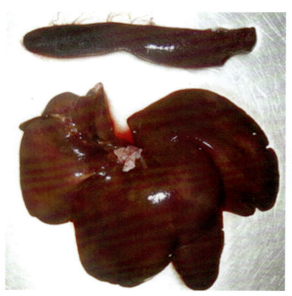

肝脏和脾脏肿大，瘀血、出血

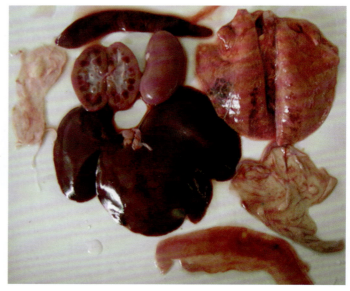

肝脏和脾脏肿大，肠黏膜出血，肾乳头出血，膀胱黏膜潮红，肺充血、出血

诊断要点

（1）临床症状　呕吐、腹泻、脱水、运动僵硬。
（2）剖检变化　小肠臌气，充满浅黄色液体，肠壁变薄。

防控措施

我国目前批准生产的疫苗主要有：猪传染性胃肠炎和猪流行腹泻二联活疫苗（WH-1R 株 + AJ102-R 株、SCJY-1 株 +SCSZ-1 株、WH-1 株 +AJ102 株、HB08 株 +ZJ08 株）及猪传染性胃肠炎、猪流行性腹泻、猪轮状病毒（G5型）三联活疫苗（弱毒华毒株+弱毒CV777株+NX株）。

母猪在分娩前5周和2周可使用二联活疫苗或三联活疫苗进行免疫，能使仔猪获得母源抗体，防止仔猪发病。建议在发病季节前20~30天全群免疫接种，或跟胎次预防接种。发病时建议使用活疫苗进行紧急预防接种。

本病应用抗生素治疗无效。主要采取综合性防控措施，加强对猪群的饲养管理，提高猪群的一般抵抗力。搞好猪舍的清洁卫生和消毒，经常清除粪便，禁止从疫区引进仔猪。一旦发生本病，可采集粪便进行酶联免疫吸附试验，以检出排毒的病猪，及时隔离并扑杀。猪舍、用具可用2%氢氧化钠或5%~10%石灰乳、漂白粉消毒。

十二、猪传染性脑脊髓炎

简介

猪传染性脑脊髓炎又名猪捷申病、猪脑髓灰质炎，本病是一种接触性传染病，主要引起猪脑脊髓炎、母猪繁殖障碍、肺炎、腹泻、心包炎和心肌炎。以侵害中枢神经系统引起共济失调、肌肉抽搐和肢体麻痹等一系列神经症状为主要特征。

病原与流行特点

病原为小RNA病毒科肠道病毒属病毒。猪传染性脑脊髓炎仅发生于猪和野猪，不同年龄阶段和品种的猪均可发生，特别是4~5周龄的仔猪最易发生，成年猪多呈隐性感染。本病传播较慢，散发，发病率约为50%，死亡率为70%~90%。病猪和带毒猪是主要的传染源。病毒在肠道内繁殖，大量病毒随粪便排出，主要通过被污染的饲料、饮水及用具等经消化道传染，也可通过呼吸道进行传染。被感染的猪主要是断奶仔猪和生长期仔猪，成年猪具有较高的抗体水平。本病在新疫区的发病率和死亡率都较高，老疫区主要多呈散发状态。

临床症状

发病初期，病猪体温升高达40~41℃，精神沉郁，采食量下降。随着病情的发展，出现神经症状，眼球震颤，肌肉抽搐，共济失调，有时呈坐姿，或侧面躺下，当受到响声及触摸的刺激时，可引起四肢不协调运动或角弓反张，并有尖叫声。病猪出现临床症状后3~4天死亡，死亡率高达70%，少数猪可缓慢恢复，但都会留下肌肉萎缩和麻痹等后遗症。

病理变化

病变主要分布在脊髓腹角、小脑灰质和脑干，脑和脑膜充血、水肿，组织学变化为非化脓性脑脊髓炎变化，以脊髓炎症最为严重，灰质部分的

病猪步态不稳，共济失调，易倒地

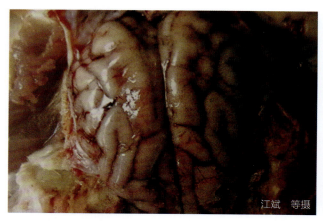

脑部出现充血、出血、水肿

神经细胞变性和坏死，小血管周围有大量淋巴细胞浸润，形成明显的管套现象，心肌和骨骼肌萎缩，有时可见心肌炎。

诊断要点

（1）**临床症状**　发热、神经症状，眼球震颤，肌肉抽搐，共济失调。

（2）**剖检变化**　脑脊髓炎，小血管周围有大量淋巴细胞浸润，形成明显的管套现象；还有肺炎、腹泻、心肌炎。

预防措施

（1）**加强饲养管理**　及时清扫圈舍内外的粪便及其他异物，认真执行消毒制度，轮换使用20%漂白粉或次氯酸钠对猪圈舍及走道进行彻底消毒，并且使用漂白粉对饮水进行消毒。特别要注意引进种猪时需进行严格的检疫，以防止引入带病种猪。给猪群提供优质的饲料，加强防寒保暖工作，不断增强猪群抵抗力。定期在猪场内外进行灭鼠工作，并对鼠类做深埋处理。在猪传染性脑脊髓炎疫区，要对全部猪接种猪传染性脑脊髓炎弱毒疫苗或灭活疫苗，免疫期为6个月以上，保护率为80%以上，另外，由于猪传染性脑脊髓炎的血清型较多，因此，在生产中建议使用多种血清型的联合疫苗进行预防。

（2）**及时淘汰病猪**　若发现疑似病例，经确诊后，应立即予以淘汰，并且做无害化深埋处理，以防止人感染本病。

十三、猪狂犬病

简介

猪狂犬病是由弹状病毒引起的一种急性人兽共患传染病。其临床特征为兴奋和意识障碍,继而出现局部或全身麻痹而死。死亡率很高。

病原与流行特点

病原为猪狂犬病病毒,可感染所有恒温动物,包括人。可大致分为城市型狂犬病和野生动物型狂犬病,前者的传播者以犬为主,猪是其中的一种易感动物。后者的传播者主要是患狂犬病的犬、其他家畜和野生食肉目动物,如狼等。本病遍及世界许多国家,一般呈现零星散发,死亡率极高。本病主要通过患病动物直接啃咬传播,被狂暴期病犬、病畜啃咬过的玻璃片、木片、金属片等刺伤也可能感染发病。通过创伤的皮肤黏膜接触患病动物直接啃咬传播。创伤的皮肤黏膜接触患病动物的唾液、血液、尿液、乳汁也可感染。本病还可经呼吸道和消化道感染。

临床症状与病理变化

潜伏期为 12~98 天,一般为 2 个月,体温无明显变化。猪感染本病后的典型临床经过为突然发病,共济失调,对外界反应迟钝、衰竭。出现临床症状后 72 小时内死亡。其典型症状为用吻突不停地拱地,横冲直撞,后卧地不起,不停地咀嚼、流涎,伴有阵发性肌肉痉挛,叫声嘶哑,偶尔攻击人、畜。典型病例的临床表现可分以下 3 个时期。

（1）前驱期　在兴奋状态出现前，大多数病猪有低热、食欲减退、呕吐等症状，继而出现恐惧不安，对声、光、风、痛等较敏感。

（2）兴奋期　病猪逐渐进入高度兴奋状态，其突出表现为极度恐惧、恐水、怕风、发作性咽肌痉挛、呼吸困难、排尿排便困难及流涎等；烦躁不安，有横冲直撞的行为。

（3）麻痹期　痉挛停止，病猪渐趋安静，但出现弛缓性瘫痪，眼肌、面部肌肉及咀嚼肌也可受累，表现为斜视、眼球运动失调、下颌下坠等，最后麻痹死亡。

诊断要点

（1）临床症状　吻突不停地拱地，横冲直撞，后卧地不起，不停地咀嚼、流涎，伴有阵发性肌肉痉挛，叫声嘶哑，最后麻痹死亡。

（2）剖检变化　胃肠内有异物。

防控措施

（1）强制免疫接种疫苗　对犬进行免疫接种是防控狂犬病的最有效方法，凭一证一牌要对所养的犬进行100%的免疫注射，发放家犬免疫证和免疫牌，凭一证一牌办理准养证，持证饲养。

（2）管理传染源　捕杀所有野犬，对必须饲养的猎犬、警犬及实验用犬，应进行登记，并做好预防接种。发现病犬、病猫应立即击毙，以免伤人。咬过人的家犬、家猫应设法捕获，并隔离观察10天，仍存活的动物可确定为非患狂犬病者，可解除隔离。死亡的动物要将其焚毁或深埋，切不可剥皮或进食。

（3）伤口处理　早期的伤口处理极为重要。猪被咬伤后应及时用20%肥皂水充分地清洗伤口，然后再用20%酒精冲洗后涂擦5%碘酊，较深者尚需用导管伸入，以肥皂水作持续灌注清洗，并迅速进行免疫接种。

（4）**预防接种** 接种对象为：被狼、狐等野兽所咬家畜；发病随后死亡或下落不明的犬、猫所咬家畜；已被击毙和脑组织已腐败的犬所咬家畜；皮肤伤口被狂犬唾液污染的家畜；伤口在头、颈处，或伤口较大而深的家畜。

十四、猪口蹄疫

简介

口蹄疫是偶蹄兽的一种急性、热性、高度接触性的传染病，以病猪的口唇、蹄部出现水疱性病症为特征。国际动物卫生组织将本病列在 15 个 A 类动物疫病名单之首，我国也将其排在一类动物传染病的首位。口蹄疫的发病率可达 100%，仔猪常不见症状而猝死，严重时死亡率可达 100%。

病原与流行特点

病原为口蹄疫病毒。口蹄疫的特点是起病急、传播极为迅速。本病毒的气源传播方式，特别是对远距离传播更具有流行病学意义。本病毒可经吸入、摄入、外伤、胚胎移植和人工授精等多种途径侵染易感猪，吸入和摄入是主要的感染途径。近距离非直接接触时，气源性传染（吸入途径）最易发生。

临床症状

在自然感染情况下,潜伏期一般为1~2天。病猪主要表现鼻镜和口唇形成水疱、唇内侧有溃疡,体温升高达41~42℃,在蹄部有毛和无毛交界处、蹄叉部、蹄踵部、蹄冠出现水疱、糜烂、脱皮及蹄匣分离或脱落等特征。跛行,患蹄不敢着地,不愿负重。母猪乳房上发生水疱,仔猪可因心肌炎和肠炎死亡。病死猪的四肢皮肤、口腔黏膜出现水疱和烂斑,特别是蹄部病变最典型。

左后肢蹄部疼痛,高抬患肢不愿负重

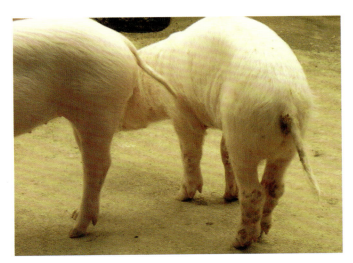

患肢跛行,行走拘谨

病猪右后肢负重障碍,表现跛行

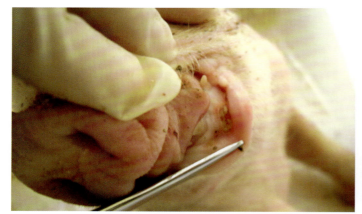

唇内侧出现溃疡

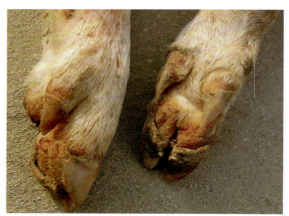

患肢蹄壳欲分离，严重者可见蹄壳直接脱落

患肢蹄冠糜烂，蹄匣欲分离

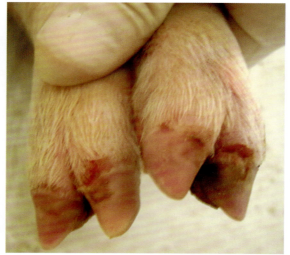

蹄冠糜烂，局部发红

病理变化

具有诊断意义的病理变化是心脏的病变，心脏稍松软，心肌纤维变性坏死，呈煮肉样，心外膜和心肌切面可见灰白色及浅黄色条纹或斑块，像是老虎身上的斑纹，所以，心脏上的这种病理变化又称为虎斑心，有的还出现心包积液。

心肌纤维变性坏死，呈虎斑心

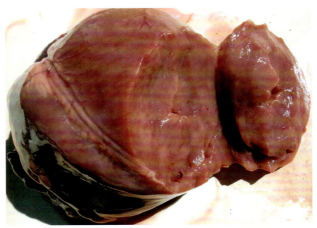

心肌横切面可见黄白色的不死纤维束

诊断要点

（1）临床症状　鼻镜和口唇形成水疱、蹄部有毛和无毛交界处、蹄叉部、蹄踵部出现水疱、糜烂、脱皮及蹄匣分离或脱落。

（2）剖检变化　心肌纤维变性、坏死，呈虎斑心。

防控措施

（1）**扑杀病畜及染毒动物**　扑杀动物的目的是消除传染源，病毒是最主要的传染源，其次是隐性感染动物和牛、羊等持续性感染带毒动物。疫情发生后，可根据具体情况决定扑杀动物的范围，扑杀措施由宽到严的次序为病畜→病畜的同群畜→疫区所有易感动物。

（2）**免疫接种**　我国目前批准生产的口蹄疫疫苗有：猪口蹄疫 O 型灭活疫苗（O/MYA98/BY/2010 株）、猪口蹄疫 O 型灭活疫苗（O/MYA98/XJ/2010 株 +O/GX/09-7 株）、猪口蹄疫 O 型合成肽疫苗（多肽 2600+2700+2800）、猪口蹄疫 O 型合成肽疫苗（多肽 98+93）、猪口蹄疫 O 型合成肽疫苗（多肽 TC98+7309+TC07）、猪口蹄疫 O 型合成肽疫苗（多肽 0405+0407）、猪口蹄疫 O 型 3A3B 表位缺失灭活疫苗（O/rV-1 株）、猪口蹄疫 O 型、A 型二价灭活疫苗（Re-O/MYA98/JSCZ/2013 株 +Re-A/WH/09 株）。

成年猪在一年内需接种至少 3 次高效口蹄疫疫苗，同时公猪与母猪在交配前应进行免疫。仔猪断奶之后的 10~15 天进行首次免疫，1 个月后可追加 1 次。未断奶仔猪不建议接种。

（3）**限制动物、动物产品和其他染毒物品移动**　小到一个养猪户，大到一个国家，要想保持无口蹄疫状态，必须对相关动物及产品的引入和进口保持高度警惕。疫区必须有全局观念，易感动物及其产品运出是疫情扩散的主要原因。

（4）**动物卫生措施**　疫区除对场地严格消毒外，还要关闭与动物及产品相关的交易市场。

（5）**流行病学调查**　包括疫源追溯和追查易感动物及相关产品外运去向，并对之进行严密监控和处理。

一旦发生口蹄疫，应迅速上报疫情。在当地政府防疫部门的指导下采取果断措施，立即捕杀病畜和封锁、隔离、检疫、消毒或销毁或做无害化处理后合理利用。

第二章
细菌病

一、仔猪黄痢

简介

仔猪黄痢是 7 日龄内仔猪的急性、高度致死性的肠道传染病，又称早发性大肠杆菌病。以拉黄色稀粪和急性死亡为特征，发病快、病程短，有很高的发病率和死亡率。

病原与流行特点

病原为大肠杆菌。仔猪常发生于出生后 1 周内，以 1~3 日龄最为常见，发病随日龄增加而减少，7 日龄以上很少发生，同窝仔猪发病率在 90% 以上，死亡率很高，甚至全窝死亡。主要传染源是带菌的母猪。无病猪场从有病猪场引进带菌猪，如果不注意卫生防疫工作，使猪群感染后易引起仔猪大批发病和死亡。本病主要经消化道传播，带菌母猪由粪便排出病原菌，污染母猪皮肤和乳头，仔猪吮乳或舔舐母猪皮肤时可被感染。仔猪出生后，舍内保温条件差而受风寒，是新生仔猪发生仔猪黄痢的主要诱因。

临床症状

本病潜伏期为 8~12 小时，一般在 24 小时以内。仔猪出生时健康，不见任何临床症状，快者数小时后突然发病和死亡。病猪主要症状是腹泻，粪便多呈黄色水样，含有小气泡和凝乳小片，顺肛门流下，其周围大多不留粪迹，易被忽视。腹泻严重时，可见小母猪阴户尖端发红，后肢被粪液沾污，捕捉挣扎或鸣叫时，粪水常由肛门冒出。病仔猪精神沉郁，体表不洁，不吃奶，脱水，两眼下陷，昏迷而死。发病最急者不见腹泻，身体软弱，倒地昏迷而死。

出生不久几乎全窝突然发病，排出浅黄色稀粪

发病仔猪脱水、衰竭、死亡

病理变化

尸体严重脱水。主要变化是小肠急性卡他性炎症，表现为肠黏膜肿胀、充血或出血。肠壁变薄、松弛。胃臌气，内有酸臭的凝乳块，胃黏膜上皮脱落、潮红、肿胀，炎性细胞浸润，少数病例有出血；肠管充血、出血，内有大量气体和黄色液状内容物，肠系膜淋巴结充血肿大，切面多汁。心脏、肝脏、肾脏有变性，重者有出血点。

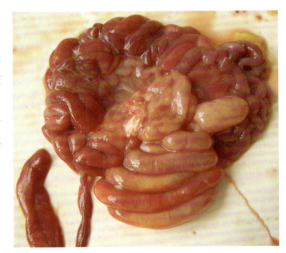
整个肠管出血，特别是小肠出血严重

 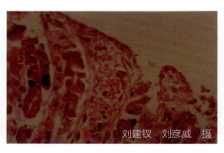 

胃臌气，肠出血，肝脏肿大，肺潮红　　胃黏膜上皮脱落，炎性细胞浸润　　肾脏外面的皮质部轻度出血

诊断要点

（1）临床症状　1~3日龄症状最严重，粪便呈黄色水样、脱水。

（2）剖检变化　皮下常有水肿，肠道肿胀，有大量黄色液状内容物和气体，肠黏膜呈卡他性炎症变化。

预防措施

1）抓好母猪的饲养管理，保持产房的清洁和消毒，喂乳前要对乳房进行消毒和清理，有乳腺炎的母猪应及早治疗。

2）加强新生仔猪的护理，尤其是新生仔猪的保暖防寒措施，及早哺喂初乳，并做好补铁补硒工作。

3）仔猪应提早补料，选用优质全价的乳猪料，及时补充饮水。

4）免疫预防。我国目前批准生产的疫苗有以下3种。

①大肠埃希氏菌病三价灭活疫苗，用于预防仔猪黄痢。妊娠母猪在产仔前40天和15天各注射1次，每次肌内注射5毫升。

②仔猪腹泻基因工程 K88、K99 双价灭活疫苗，于临产前 21 天左石经耳根部皮下注射，妊娠母猪免疫 1 次即可。初乳中的抗体通过哺乳传递给仔猪，仔猪被动获得免疫保护。为了确保免疫保护效果，尽量使所有仔猪都吃足初乳。

③仔猪大肠杆菌病 K88、LTB 双价基因工程活疫苗，用于预防新生仔猪大肠杆菌引起的腹泻。疫苗溶解后，口服免疫，每头 500 亿活菌，在妊娠母猪预产期前 15~25 天，将每头份疫苗与 2 克碳酸氢钠（小苏打）一起拌入少量精饲料中，喂给空腹母猪，待吃完后再常规喂食；肌内注射免疫，每头 100 亿活菌，在母猪预产期前 10~20 天进行。疫情严重的猪场，在产前 7~10 天再加强免疫 1 次。

治疗方法

仔猪发病后应及时进行药物治疗。在治疗病仔猪前，最好分离出致病性大肠杆菌进行纸片法药敏试验，以选出抑菌作用最强的治疗药品。

①土霉素 0.2~0.3 克，口服，每天 3 次，连用 3 天。

②磺胺甲基嘧啶、磺胺二甲嘧啶、磺胺对甲氧嘧啶或磺胺间甲氧嘧啶同甲氧苄啶按 5∶1 的比例混合，0.1~0.2 克口服，每天 1 次，连用 3 天。

③喹诺酮类药物如恩诺沙星、环丙沙星、诺氟沙星等，也有良好的治疗效果。

④ 0.5% 痢菌净注射液，肌内注射或灌服，每次 2~4 毫升，每天 2 次，连用 2~3 天；或用痢菌净 2~4 克，混入母猪饲料分 3~4 天饲喂，仔猪通过母乳防病。

⑤在药物治疗的同时，对病仔猪还需要进行补液，如口服补液盐，其配方为 1000 毫升蒸馏水或温水中加入葡萄糖 20 克、氯化钠 3.5 克、碳酸氢钠 2.5 克、氯化钾 1.5 克，混合溶解，让猪自由饮用。或仔猪腹腔注射 5% 葡萄糖氯化钠等。

⑥在有本病发生的猪群，待仔猪产出后尚未吃奶前，全窝仔猪每头口服抗菌药物，连续 3 天，以作预防。如 0.5% 恩诺沙星 2 毫升，每天灌服 1 次。仔猪产出后，立即喂服微生态活菌制剂也是预防办法之一，每头仔猪按每千克体重 0.1~0.2 毫升，每天 1 次，连用 3 天。

二、仔猪白痢

简介

仔猪白痢是仔猪感染大肠杆菌引起的一种常发性疾病，主要临床表现为腹泻和排出灰白色的糊状粪便。

病原与流行特点

仔猪白痢发生于10~30日龄的仔猪，以2~3周龄较为多见，1月龄以上的猪很少发生，其发病率为50%左右，而死亡率低。患病动物和带菌猪是本病的主要传染源。通过粪便排出病菌，散播于外界，污染水源、饲料、空气及母猪的乳头和皮肤，当仔猪吮奶、饮食时，经消化道感染。

临床症状

病仔猪突然发生腹泻，多数排出乳白色或灰白色浆状、糊状的粪便，久病者消瘦、衰弱，可排浅黄绿色的黏稠粪便，味腥臭。腹泻次数不等。病程为2~3天，长的1周左右，可自行恢复，死亡率较低。

病理变化

剖检久病死亡的仔猪，外表苍白、消瘦。胃臌气，内有大量气体。肠壁薄而透明，肠腔内有气体及大量黏液性分泌液，肠黏膜有充血、出血的卡他性炎症变化，肠绒毛严重水肿，上皮细胞水肿呈杯状细胞样。

刘建钗 刘彦威 摄

病猪逐渐消瘦，发育迟缓，拱背腹泻

病猪排出乳白或灰白色的浆状、糊状粪便

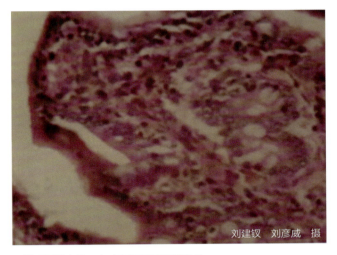

肠绒毛严重水肿，上皮细胞呈杯状细胞样

诊断要点

（1）临床症状　发生于10~30日龄的仔猪，病仔猪排出乳白色或灰白色糊状粪便。

（2）剖检变化　肠壁薄而透明，肠腔内有气体及大量黏液性分泌液，肠黏膜有充血、出血的卡他性炎症变化。

预防措施

1）加强妊娠母猪和哺乳母猪的饲养管理，防止过肥或过瘦。母猪饲养管理的好坏，直接影响仔猪的健康状况。要选种选配，避免近亲繁殖。老弱或母性不良的母猪不宜作为种用。根据母猪不同，合理调配饲料，使母猪在妊娠期及产后有较好的营养，保持泌乳量的平衡，防止乳汁过浓或过稀。

2）做好产仔母猪产前产后的护理工作。产仔前，将圈舍（特别是产房）打扫干净，彻底消毒，或用火焰喷灯消毒铁架和地面。母猪乳房用消毒液或温水洗净、擦干。阴门及腹部也应擦洗干净。

3）做好仔猪的饲养管理。提早补料，并耐心细致地抓好补料工作。

4）尽量减少或防止各种应激因素的发生，提高母猪和仔猪的抗病能力。

5）改善猪舍的环境卫生。应及时清除粪便，猪舍地面经常保持清洁、干燥；做好防寒保暖或防暑降温工作；食槽、水槽经常刷洗，保持洁净。

6）药物预防。在出生仔猪没吃初乳前，可给仔猪喂服助消化药、抗生素等预防药物。

7）免疫预防。见上节仔猪黄痢的介绍。

治疗方法

（1）西药疗法

①促菌生或调痢生（8501）是近些年来使用的微生态活菌制剂，主要用于调整病仔猪肠道内环境和菌群失调，连用2~3天，有较好的疗效。具体按说明书的要求应用。

②链霉素1克、胃蛋白酶3克，混匀，5头仔猪一次分服，每天2次。

③磺胺脒15克、碱式硝酸铋15克、胃蛋白酶10克、龙胆末15克，加淀粉和水适量，调匀，供15头仔猪上、下午各服1次。

④磺胺脒0.5克、碳酸氢钠0.5克、乳酸钙0.5克，加淀粉和水适量，调匀，一次口服。

⑤0.2%亚硒酸钠溶液肌内注射，体重2.5千克以下用1毫升，2.5~5千克猪用1~1.5毫升，7.5千克以上猪用2毫升。这对缺硒地区母猪所产仔猪发病，有较好的防治效果。

⑥硫酸亚铁2.5克、硫酸铜1克、氯化钴1克，溶于1000毫升水中，在母猪喂奶前，涂于乳头上，让仔猪舔服；仔猪稍大时可拌入饲料中喂饲。对贫血性腹泻有一定效果。

⑦土霉素或金霉素糖粉，每次0.2~0.4克，每天2次。也可用喹诺酮类药物。

（2）中药疗法

①白龙散：白头翁2份、龙胆粉1份，混匀，每天1次，每次10~15克，连服2~3天。

②大蒜500克、甘草120克，切碎后加白酒500毫升，浸泡5~7天。取原液1毫升加水4毫升灌服，

每天 2 次。

③金银花大蒜液：取金银花 100 克，加水 800~1000 毫升，煮沸至 300 毫升左右时，用纱布过滤、去渣，滤液再加热浓缩为 100 毫升。另取大蒜 10 克，捣碎，加水 100 毫升，浸泡 2~3 小时后过滤、去渣。取 2 份金银花浓缩液和 1 份大蒜浸出液混合，体重 3.5~7.5 千克的仔猪每次灌服 15~20 毫升，7.5~15 千克的仔猪每次灌服 20~30 毫升，每天 2 次，一般 2 天可治愈。

三、仔猪红痢

简介

仔猪红痢也称为仔猪梭菌性肠炎。是 1 周龄内仔猪的高度致死性的肠毒血症。以血性腹泻、病程短、死亡率高，小肠后半段的弥漫性出血或坏死性变化为特征。

病原与流行特点

病原为 C 型和 A 型产气荚膜梭菌。本病主要侵害 1~3 日龄的仔猪，1 周龄上的仔猪很少发病。在同一猪群各窝仔猪的发病率不同，最高可达 100%，死亡率一般为 20%~70%。病原菌常存在于一部分母猪的肠道里，随粪便排出，污染料垫及哺乳母猪的乳头，仔猪生后不久经消化道感染发病。本病在自然界分布很广，存在于人畜肠道、土壤、下水道和尘埃中。猪场一旦发生本病，不易清除。

临床症状

按病程经过分为最急性型、急性型、亚急性型、慢性型。

（1）**最急性型** 仔猪出生后 1 天内就可发病，临床症状多不明显，仔猪后躯沾满血样稀粪，病猪虚弱，很快进入濒死状态。少数病猪尚无血痢即昏倒或死亡。

（2）**急性型** 最常见。病猪排出含灰色组织碎片的红褐色液状稀粪，消瘦，虚弱，病程常维持 2 天，一般在第 3 天死亡。

（3）**亚急性型** 持续性腹泻，病初排出黄色软粪，以后变成液状，内含坏死组织碎片。病猪极度消瘦和脱水，一般 5~7 天死亡。

（4）**慢性型** 病程 1 周以上，间歇性或持续性腹泻，粪便呈灰黄色糊状，病猪逐渐消瘦，生长停滞，数周后死亡。

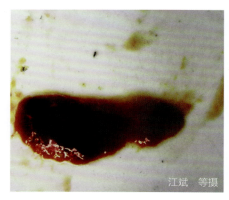

病猪排出红色血样稀薄血粪

病理变化

眼观病理变化常见于空肠，出现长短不一的出血性坏死。空肠呈暗红色，肠腔内有含血液体，肠系膜淋巴结呈现红色。病程长的以坏死性炎症为主，黏膜有黄色假膜，容易剥离，肠腔内有坏死的组织碎片。胃部黏膜出血。腹水增多，呈血样。

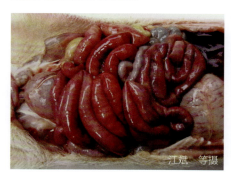

空肠呈现严重的出血性肠炎变化

诊断要点

（1）**临床症状** 多发生于 1~3 日龄仔猪，排出血样稀粪。

（2）**剖检变化** 空肠呈暗红色，肠腔内有含血液体，肠系膜淋巴结呈现红色。

预防措施

1）由于本病发病迅速，病程短，发病后药物治疗效果不佳，给新生仔猪口服抗菌药，每天 2~3

次，可作为药物紧急预防。

2）搞好猪舍和周围环境，特别是产房的卫生消毒工作尤为重要，对分娩前的母猪的奶头进行清洗和消毒，可减少本病的发生和传播。

3）免疫接种。目前采用C型产气荚膜梭菌福尔马林氢氧化铝菌苗，于临产前1个月进行免疫，2周后重复免疫1次。仔猪出生后注射抗猪红痢血清3~5毫升，可以有效地预防本病发生，但注射要早，否则效果不佳。

4）已经证实A型产气荚膜梭菌也是本病的主要病因，因此建议针对A型和C型均采取预防措施。

治疗方法

①磺胺嘧啶0.2~0.8克、甲氧苄啶40~160毫克、活性炭0.5~1克，混匀一次喂服，每天2~3次。

②链霉素粉1克、胃蛋白酶3克，混匀喂服5头仔猪，每天1~2次，连用2~3天。

③新生仔猪在没有吃奶前，用青霉素10万国际单位、链霉素10万国际单位混合，一次口服，有一定的预防治疗效果。

④2.5%恩诺沙星注射液，每头仔猪0.1~0.2毫升，肌内注射。

四、仔猪水肿病

简介

仔猪水肿病是由致病性、溶血性大肠杆菌产生的毒素引起的仔猪的一种急性和高度致死性传染病。以突然发病，头部水肿，共济失调及剖检时胃壁和肠系膜水肿为特征。

病原与流行特点

病原为大肠杆菌。主要发生于断奶仔猪，小至数日龄，大至 4 月龄都有发生。生长快、体况健壮的仔猪发病最为常见。本病一年四季均可发生，但多见于春秋季节。

临床症状

仔猪突然发病，精神沉郁，食欲减退，口吐白沫，体温正常或偏低，头部水肿，尤以眼睑及面部明显，病猪静卧一隅，肌肉震颤、抽搐、四肢划动呈游泳状，空嚼磨牙，触摸敏感，发出呻吟或嘶哑叫声，后期反应迟钝，呼吸困难，腹泻或便秘，死亡率约为 90%，病猪一般在 3 天以内死亡。

病理变化

尸体营养良好，皮肤和黏膜苍白。主要是病猪的上下眼睑、颜面、下颌部或头顶部皮下水肿，切开的水肿部呈灰白色胶冻样浸润，并有少量水肿液流出。水肿厚度可达 0.5~1 厘米，以胃壁及肠系膜水肿最为典型。全身淋巴结肿大，尤其是肠系膜淋巴结肿大，并有少量充血、出血。结肠袢的肠系膜呈透明胶冻样水肿，充满于肠袢间隙。肺水肿，气管内可出现少量泡沫状液体。心包及胸腹腔积液，脑膜充血，大脑间有水肿或少量出血点。

病猪头部水肿，眼睑水肿明显

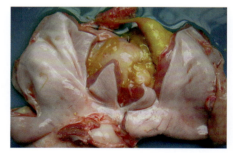

胃壁可见特征性的水肿层

诊断要点

（1）**临床症状**　面部、眼睑、结膜、齿龈、颈部、腹部皮下水肿，共济失调。
（2）**剖检变化**　胃壁水肿，肠系膜水肿，脑水肿，脑室积水。

预防措施

本病是由多种因素引起的，因此应通过加强饲养管理、合理搭配饲料、注意圈舍卫生、坚持每天消毒，减少或消除应激因素，发病后应及时治疗，采取综合性防控措施。不要从有病地区购进新种猪。一旦发病，立即隔离病仔猪，并用消毒剂严密消毒猪舍、场地、用具等。加强断奶前后仔猪的饲养管理，改变饲料和饲养方法都应循序渐进、逐步进行；在出现过本病的猪群内，应控制饲料中蛋白质的含量，增加饲料中粗纤维的含量，保持饲料中有足够的硒和维生素E。对断奶仔猪，在饲料内添加适宜的抗菌药物如新霉素、土霉素等进行预防。哺乳母猪饲料中添加50毫克/千克的锌，可以预防本病的发生。对发病猪的治疗效果不好，治疗时可采用对大肠杆菌敏感的抗菌药物如卡那霉素、硫酸新霉素、硫酸链霉素、恩诺沙星等；配合加强对病猪的护理，在饲料或饮水中添加多种维生素、葡萄糖等措施。

治疗方法

本病主要采取对症疗法，在发病初期，可投服适量缓泻盐类泻剂，促进胃肠蠕动和分泌，以排出肠内容物；使用利尿、强心镇静及消除水肿的药物；也可使用一些敏感的抗菌药进行治疗。

（1）**西药疗法**
① 20%磺胺嘧啶钠注射液20~40毫升，维生素B_1注射液2~4毫升，25%葡萄糖注射液60~80毫升，一次静脉或腹腔注射，每天1次，连用2~3天。
② 2.5%恩诺沙星3~5毫升，一次肌内注射，每天1次，连用2~3天。

③卡那霉素（25万国际单位/毫升）2毫升，5%碳酸氢钠30毫升，25%葡萄糖40毫升。混合后一次静脉注射，每天2次。同时腹腔注射10%磺胺嘧啶10毫升，10%维生素C针剂5毫升，地塞米松5毫克，将芒硝20克、土霉素片（每千克体重50毫克），同时灌服，每天1次。

④10%安钠咖注射液2~4毫升，一次性皮下注射，病情严重第2天再注射1次。

⑤0.1%肾上腺素0.5~1毫升，皮下注射。

（2）中药疗法

①大腹皮、陈皮、茯苓皮、桑白皮、生姜皮各20克，淡豆豉、香菇、杏仁、紫苏、车前草各15克，厚朴、通草各10克，煮水内服。此方为1头仔猪1天量，连服3天。

②麻黄、白术、陈皮、白芍、木通、附片各20克，知母、泽泻、茯苓、车前子、麦芽各15克，细辛5克，桂枝、生姜各10克，煮水内服。此方为1头仔猪1天量，连服3天。

③茯苓皮、牵牛子、木通各15克，石斛、苍术各20克，大腹皮、朱苓、陈皮、红花各10克，煮水后加雄黄粉30克，分2次内服。

④茯苓、白术、厚朴、青皮、生姜各20克，陈皮、大枣各30克，泽泻、甘草各15克，乌梅3个。用于15千克的仔猪，煮水分2次内服。此方为1头仔猪1天量，连服3天。

五、仔猪副伤寒

简介

仔猪副伤寒是仔猪的一种传染病，主要侵害断奶前后的仔猪。急性病例表现为败血症，慢性病例症状以坏死性肠炎为主，有时可见卡他性或干酪样肺炎。

病原与流行特点

病原为沙门菌。各种家畜和人对沙门菌属的许多血清型都有易感性，不分年龄大小均易感，幼龄动物易感性最高。对于猪，本病多发生于1~4月龄的仔猪。病猪和带菌猪是主要传染源，沙门菌感染后的康复猪一部分尚能持续排毒。可通过病菌污染的饲料和水经消化道感染，另外可经精液传播和子宫内传染。本病发病无季节性，但是多雨潮湿的季节发病较多。一般呈散发性和地方流行性。

临床症状

（1）**急性型（败血型）** 病猪体温升高，达41~42℃，食欲废绝，呼吸困难，耳、鼻端、四肢内侧的皮肤上常有紫斑，有时后肢麻痹，便秘，死亡率很高，病程为1~4天。

（2）**亚急性和慢性型（腹泻型）** 临床常见的类型，似肠型猪瘟，表现为体温升高（40.5~41.5℃），畏寒，结膜炎常见黏性或脓性分泌物，上下眼睑粘连，角膜可见混浊、溃疡。呈顽固性腹泻，粪便水样，呈黄绿色、暗绿色、暗棕色，粪便中常混有血液、坏死组织或纤维素絮片，恶臭。症状时好时坏，反复发作，持续数周，伴以消瘦、脱水。部分病猪在病中后期出现皮肤弥漫性痂状湿疹。病程可持续数周，终致死亡或成僵猪。

病理变化

（1）**急性型（败血型）** 病猪耳、胸腹下部皮肤有蓝紫色斑点。各内脏有不同程度的点状出血。全身淋巴结肿大、出血，尤其是小肠系膜淋巴结肝门淋巴结索状肿大，切面多汁。脾脏肿大，呈蓝紫色，硬度似橡皮，被膜可见散在的出血点。肝脏肿大、出血，肝实质可见针尖至小米粒大的灰黄色坏死点。肾皮质瘀血，可见出血斑点。肺常见瘀血和水肿，呈暗红色，气管内有白色泡沫。可见卡他性胃炎及肠黏膜充血、出血，并有纤维素性渗出物。

（2）**亚急性和慢性型（腹泻型）** 病猪尸体极度消瘦，在胸腹部、四肢内侧等处皮肤上，可见绿豆大小的痂样湿疹。特征性病变是食道、回肠、盲肠、结肠、直肠呈局灶性或弥漫性的纤维素性溃疡灶，黏膜表面坏死物呈糠麸样，剥开可见底部呈红色、边缘不规则的溃疡面。膀胱黏膜弥漫性潮红、出血。少数病例滤泡周围黏膜坏死，稍凸出于表面，有纤维蛋白渗出物积聚，形成隐约可见的轮环状。肠系膜淋巴结、肝门淋巴结肿大，切面多汁，呈灰白色脑髓样，并且常有散在的灰黄色坏死灶，有时形成大的干酪样坏死物。胰腺潮红、水肿。脾脏肿大，质地似橡皮。肺的尖叶、心叶和膈叶前下部常有卡他性肺炎病灶。扁桃体肿胀、充血。

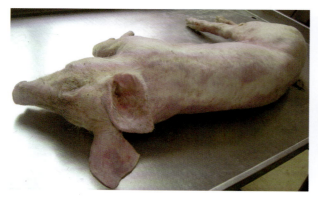
病死猪脱水、消瘦，皮肤呈暗红色

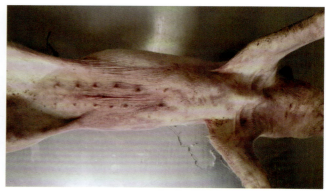
腹下皮肤有蓝紫色斑点

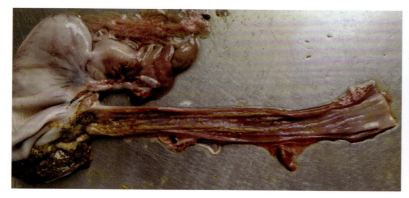
食道黏膜呈暗红色，浅表层出现小的纤维素性溃疡灶

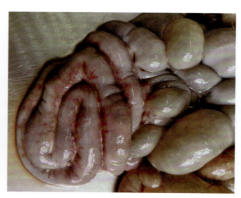
结肠袢浆膜潮红、水肿

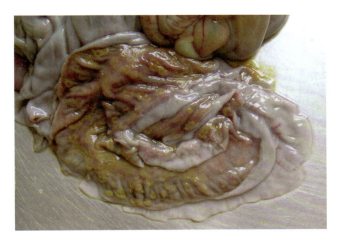
结肠袢黏膜出现大量纤维素性小溃疡灶

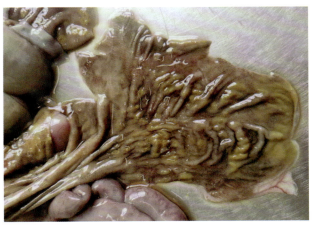
盲肠黏膜出现大量纤维素性小溃疡灶

小肠系膜淋巴结轻度肿大和出血,切面多汁

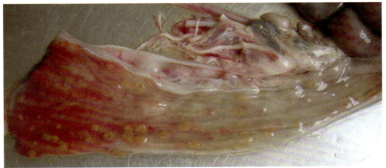
直肠黏膜出现大量散在的纤维素性小溃疡灶

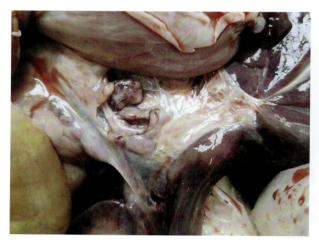

肝门淋巴结肿大且轻度出血，切面多汁

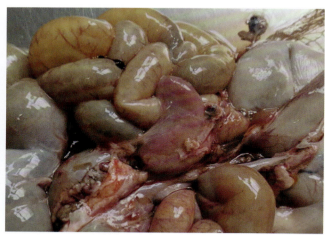

胰腺潮红、水肿

肝脏肿大、瘀血、出血

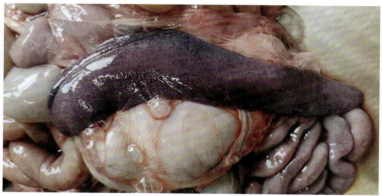

脾脏肿大、瘀血、出血，呈蓝紫色，质地似橡皮

第二章 细菌病

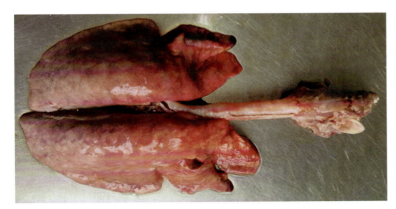
肺膨大、瘀血、出血，轻度水肿，呈暗红色

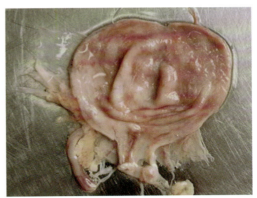
膀胱黏膜弥漫性潮红、出血

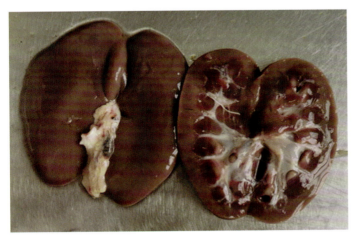
肾皮质轻度瘀血、出血

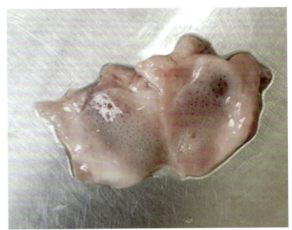
扁桃体肿胀、充血

诊断要点

（1）临床症状　顽固性腹泻，粪便呈水样、混有血液坏死组织或纤维素絮片、恶臭。
（2）剖检变化　坏死性肠炎、干酪样肺炎。

预防措施

（1）饲养管理　本病是由于仔猪的饲养管理及卫生条件不良而促发和传播的。因此，预防本病的根本措施是必须认真贯彻预防为主的方针，改善饲养管理和卫生条件，消除发病诱因，增强仔猪的抵抗力。经常洗刷仔猪的用具和食槽，圈舍要清洁并保持干燥，及时清除粪便，以减少感染机会。培育仔猪时应防止其乱吃脏物，给予易消化的优质饲料，防止突然更换饲料。

（2）注射疫苗　可对1月龄以上的哺乳或断奶仔猪，用仔猪副伤寒活疫苗进行预防，按瓶签注明头份，用20%氢氧化铝生理盐水稀释，每头仔猪肌内注射1毫升，免疫期为9个月；口服时，按瓶签说明，服前用冷开水稀释，每头份5~10毫升，掺入少量新鲜冷饲料中，让猪自行采食。口服免疫反应轻微；或将1头份疫苗稀释于5~10毫升冷开水中给猪灌服。

（3）发病后的措施
①病猪要及时隔离和治疗。
②圈舍要清扫、消毒，特别是饲槽要刷洗干净。粪便及时清除，堆积发酵后利用。
③根据当时发生疫情的具体情况，对假定健康猪可在饲料中加入氟苯尼考或其他抗生素进行预防，连喂3~5天，有预防效果。
④死猪应深埋，切不可食用，防止人发生食物中毒事故。

治疗方法

对全群仔猪进行观察，发现病猪后立即隔离，及时治疗，并指定专人负责管理。

①土霉素，按每千克体重 0.1 克计算，口服，每天 2 次，连服 3 天。

②复方磺胺甲噁唑（复方新诺明），每天每千克体重 0.07 克，分 2 次口服，连服 3~5 天。

③磺胺脒，按每天每千克体重 0.2~0.4 克计算，分 2 次口服，连服 3~5 天。磺胺对甲氧嘧啶或磺胺间甲氧嘧啶等与甲氧苄啶按 5∶1 的比例混合，每千克体重 25~30 毫克，口服，每天 2 次，连用 3~5 天。

④喹诺酮类药物，盐酸环丙沙星或恩诺沙星，每千克体重 2.5 毫克，肌内注射，每天 2 次，连用 2~3 天；0.5% 诺氟沙星注射液，每千克体重 0.5 毫升，肌内注射，每天 2 次，连用 3~5 天；2.5% 恩诺沙星注射液，每千克体重 0.2 毫升，肌内注射，每天 2 次，连用 3~5 天。

六、猪渗出性皮炎

简介

猪渗出性皮炎又称猪葡萄球菌病、溢脂性皮炎或煤烟病，本病是由猪葡萄球菌严重感染引起的高度接触性传染病，主要发生于哺乳仔猪和刚断奶的仔猪。近年来在个别猪场偶有发生，但因发病次数较少，往往被误诊为疥螨病或维生素 A 缺乏症，从而延误了及时正确治疗，造成较严重的经济损失。

病原与流行特点

猪渗出性皮炎是猪葡萄球菌感染所致。猪葡萄球菌是革兰阳性菌，部分具有致病性，在猪黏膜、耳鼻喉及生殖道中常见。葡萄球菌在猪正常免疫条件下被抑制，当猪饲养条件或者免疫力下降，会造成感染。

猪渗出性皮炎的传染方式为接触传染。猪表皮层受到损伤后，被猪葡萄球菌侵入，随后猪葡萄球菌进一步通过黏膜和血液传染，最终导致局部溢脂性皮炎，并发展为全身皮肤感染。猪渗出性皮炎传播速度快，发病后1~2天内可导致猪全身感染，并且会对其他仔猪产生威胁。

猪渗出性皮炎能够感染各年龄段的猪群，但对哺乳期仔猪和断奶仔猪具有高感染率，并且具有致死性，对于发育成熟的猪群则不具有致死性。哺乳仔猪在3~10日龄时容易感染猪葡萄球菌。猪渗出性皮炎通常表现为散发性，发病率为30%~35%，仔猪死亡率为75%~80%。

猪渗出性皮炎的感染方式主要有两种方式。一种是仔猪或成年猪发生争斗、撕咬情况时，导致皮肤受损，造成感染；也可能是仔猪与成年猪被猪栅栏或围墙等不干净物体刮擦，进而发生感染。另一种是猪舍环境脏乱差、通风状况较差及圈养密度较高，导致仔猪或断奶仔猪免疫力下降，进而引起感染。

临床症状

本病多发于5~6日龄的仔猪，发病初期首先在肛门、眼睛周围、耳郭及腹部等少毛部位的皮肤上出现红斑，呈油皮状，之后有直径为3~4毫米的微黄色水疱，水疱会迅速破裂，流出清亮的渗出液和黏液，并与皮肤表面的污垢、碎屑等混合，逐渐变干，转为微棕色的鳞片状结痂，局部发痒，感染猪经常摩擦墙面，导致结痂很快脱落，露出鲜红色的创面，有时甚至出现二次出血。本病在体表扩散很快，常在发现第1个病灶后的24~48小时很快扩散至全身，病猪吮乳能力下降或不去吮乳，喜欢喝水，并很快衰弱。本病死亡率不高，很多猪可耐过，但需要的时间较长（有时达1个月），对猪的生长发育可产生重要影响。

皮肤渗出液黏附污物，体表污浊不堪

第二章 细菌病

几乎全窝陆续发病，皮肤发红，呈油皮状

全身体表污浊、结痂

全身出现黏性油状渗出物，表皮皲裂

全身皮肤发红、结痂，表皮脱落

病理变化

解剖病死仔猪，其皮肤层出现大量黏液胶状物渗出，渗出物恶臭。表皮黑色结痂物剥离后，皮肤呈桃红色，表皮层受损严重，真皮层露出。体表淋巴结肿大。泌尿系统出现损伤，肾脏及输尿管内含有大量黏液。

诊断要点

（1）**临床症状**　肛门及眼睛周围、耳郭和腹部等少毛部位皮肤上出现红斑，早期出现水疱且很快破裂并逐渐变干，随后转为微棕色的鳞片状结痂。

（2）**剖检变化**　结痂物剥离后，皮肤呈桃红色，表皮层受损严重，真皮层露出。

预防措施

本病目前没有疫苗能够预防，养殖场只能细心管理，通过减少皮肤损伤、加强环境的清理消毒、合理控制饲养密度等方式来减少本病的发生。

（1）**减少皮肤损伤**　注意猪舍内硬性异物的清理，比如铁钉、玻璃、尖锐石头、瓦块等，这些物体容易对皮肤造成损伤，从而导致猪葡萄球菌通过伤口感染。定期对猪皮肤寄生虫进行驱杀，皮肤寄生虫主要有虱、螨、蜱等，它们可对皮肤造成损伤，很容易继发感染葡萄球菌。如果在巡场过程中发现有皮肤伤口，需第一时间涂抹甲紫溶液或碘酊等防感染。很多仔猪出生后喜欢打斗，打斗时皮肤容易被咬破，需及时对伤口进行消毒处理。

（2）**加强环境的清理消毒**　洁净的环境可使空气中的尘埃粒子大为减少，病原失去黏附载体，本病的发生率就会降低。如果在猪体表发现化脓性的病灶，可在第一时间采集病灶处的渗出液进行革兰染色镜检，如果视野下见到大量呈葡萄状的球形阳性菌，则可确诊。确诊后务必及时对圈舍进行大面积消毒，防止病原扩散；同时，在饲料或饮水中加入对葡萄球菌敏感的抗生素进行药物预防。

（3）合理控制饲养密度　饲养密度越大，猪之间的接触频率就越高，一旦有猪感染，很容易通过皮肤或黏膜直接接触的方式扩散。过低的饲养密度不利于空间的充分利用，会对养殖效益产生影响，而过高的饲养密度容易暴发疫病，临床上一定要根据猪舍的实际情况合理控制饲养密度。还要加强舍内通风管理，保持环境干燥，温度低的环境可减弱本病的传播。

治疗方法

如果病猪处于感染初期，在病灶部位进行消毒和抗菌就能起到较好的效果。可先用碘酊进行局部消毒，再用75%酒精脱碘，之后撒上青链霉素或氨苄西林粉防止感染。如果感染较为严重或已经出现化脓性病灶，则需要先用无菌棉签对脓液进行清理，再用生理盐水局部清洗，用3%过氧化氢进行局部杀菌消毒，过氧化氢在接触病灶部位时会产生大量气泡，待气泡产生完毕后，局部涂抹甲紫溶液即可。

有些猪感染后病灶不仅仅局限在皮肤，还会出现全身感染，此时疫猪会伴发全身症状，治疗时除了局部用药外，还必须配合全身治疗。建议使用广谱抗生素进行抗感染，主要针对细菌性病原的感染治疗，常用的有硫酸头孢噻肟、盐酸头孢噻呋、青霉素、链霉素、氨苄西林等。

七、猪痢疾

简介

猪痢疾又叫猪血痢，是一种严重的肠道传染病，临床症状为严重的黏液性出血性腹泻，急性型以出血性腹泻为主，亚急性型和慢性型以黏液性腹泻为主。剖检病理特征为大肠黏膜发生卡他性、出血性及坏死性炎症。

病原与流行特点

病原为猪痢疾密螺旋体。不同年龄和品种的猪均有易感性，以7~12周龄猪发病最多，其他动物无感染发病的报道。病猪和带菌猪是本病主要传染源。康复猪带菌率很高，带菌时间可达数月。有的母猪虽无症状，但其粪中的病菌仍可引起哺乳仔猪感染并污染周围环境、饲料、饮水、用具及运输车辆。本病的发生无季节性，流行过程缓慢，先有几头猪发病，以后逐渐蔓延，并在猪群里长年不断发生，流行期长。

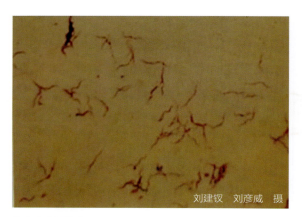
猪痢疾密螺旋体

临床症状

最常见的症状是出现程度不同的腹泻。一般是先拉软粪，渐变为黄色稀粪，内混黏液或血液。病情严重时所排粪便呈红色糊状，内有大量黏液、出血块及脓性分泌物。有的拉灰色、褐色甚至绿色糊状粪，有时带有很多小气泡，并混有黏液及纤维素性假膜。病猪精神不振、厌食、喜饮、脱水、拱背、腹部蜷缩，行走摇摆、后肢踢腹，被毛粗乱无光，迅速消瘦，后期排粪失禁。肛门周围及尾根部被粪便污染，起立无力，极度衰弱而死亡。大部分病猪体温正常。慢性病例症

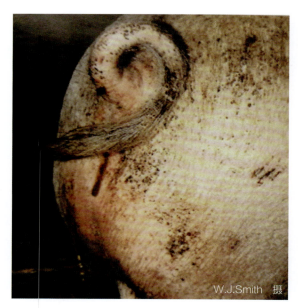
带血的粪便从肛门流出

状轻，粪中含较多黏液和坏死组织碎片，病期较长，进行性消瘦，生长停滞。

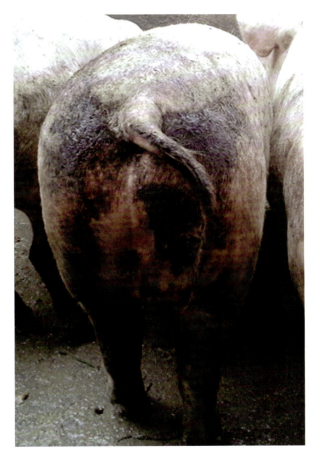

血样粪便污染病猪后躯

排出的红色血便

病猪排出大量血样稀粪

开始发病时排出黄色且略带血色的粪便

病猪排出血样糊状粪便

病理变化

主要病变局限于大肠（结肠、盲肠）。急性型的症状为大肠黏液性和出血性炎症，黏膜肿胀、充血和出血，肠腔充满黏液和血液；病史稍长的病例，症状主要为坏死性大肠炎，黏膜上有点状、片状或弥漫性坏死，坏死常限于黏膜表面，肠内混有大量黏液和坏死组织碎片，肠壁水肿增厚。其他脏器常无明显变化。

肠壁水肿增厚，可见其充血、出血和坏死

肠腔内充满红色内容物，淋巴结肿大、出血

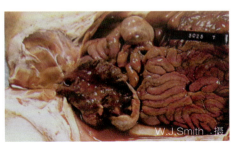
大肠黏膜增厚、出血，并附有血样黏液

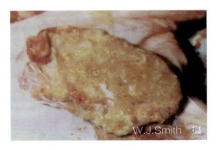
大肠黏膜增厚、出血，并附着一层灰黄色坏死假膜

诊断要点

（1）临床症状　急性型以出血性腹泻为主，亚急性型和慢性型以黏液性腹泻为主。
（2）剖检变化　大肠黏膜发生卡他性、出血性及坏死性炎症。

预防措施

1）至今尚无疫苗可用，因此控制本病主要采取综合防治措施，严禁从疫区引进猪，必须引进时，应隔离检疫2个月。
2）加强饲养管理，猪场实行全进全出制饲养，进猪前应按照消毒程序与要求对猪舍进行消毒。
3）发病猪场做好全群淘汰，进行彻底清理和消毒，空舍2~3个月后方可引进健康的猪。

治疗方法

（1）西药疗法　恩诺沙星注射液每千克体重10~20毫克，盐酸异丙嗪注射液每千克体重0.5~1毫克，盐酸异丙嗪注射液每千克体重0.5~1毫克，复合维生素B注射液每头5~10毫升，地塞米松磷酸钠注射液每头 5~10 毫克，混合后一次性肌内注射。以上各药每天注射 1 次，连用 2~3 天即可，治愈率达 90% 以上。

肌内注射或口服痢菌净，再肌内注射庆大霉素 2000 国际单位/千克，连续注射 4 天，或者在饲料中添加林可霉素 100 毫克和杆菌肽 1 克，连续用 9 天。

（2）中药疗法　连翘、板蓝根各 30 克，丹皮、黄芩、栀子、桔梗、甘草、茯苓、玄参、赤芍各 18 克，生石膏 90 克，加入 2500 毫升水后浸泡 30 分钟，小火水煎，取 1000 毫升给每头病猪灌服 10 毫升，2 次/天，连续服用 7 天。在病猪的病情得到控制后，再采用黄芩、黄柏各 150 克、栀子 100 克、黄连 200 克，加水 3000 毫升，水煎，然后取汤药加入饲料中，连续加 4 天，增强病猪抵抗力。

八、猪增生性肠炎

简介

猪增生性肠炎又称猪增生性肠病，是猪的接触性传染病，以回肠和结肠隐窝内未成熟的肠细胞发生根瘤样增生为特征。

病原与流行特点

病原为专性胞内劳森菌。猪是本病的易感动物。断奶仔猪至成年猪均有发病报道，但以 6~16 周龄的生长育肥猪最易感。病猪和带菌猪是本病的传染源。感染后 7 天可从粪便中检出病原菌，感染猪排菌时间不定，但至少为 10 周。病原菌随粪便排出体外，污染外界环境，并随饲料、饮水等进入消化道而感染。

临床症状

临床表现可以分为三种类型。

（1）**急性型** 较少见，发生于4~12月龄的猪，表现为急性出血性贫血，血色水样腹泻，病程稍长时，排黑色柏油样稀粪，后期转为黄色稀粪。

（2）**慢性型** 本型最常见。多发生于6~12周龄的生长猪，主要为食欲减退，精神沉郁，出现间歇性腹泻，粪便变软、变稀，呈糊状或水样，颜色较深，有时混有血液或坏死组织，尿液呈浅黄色。如症状较轻且无继发感染，有的猪在发病4~6周后康复，但有时成为僵猪。值得注意的是，当猪群中发生不规律的腹泻且有贫血现象，可在猪群中见到渐瘦的病猪时，就值得怀疑本猪群可能发生了慢性型猪增生性肠炎。

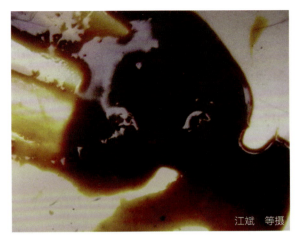

病猪排出红褐色的稀粪便

（3）**亚临床型** 感染猪体内有病原菌存在，由于无明显症状或症状轻微未引起关注，但是生长速度和饲料利用率下降。

病理变化

病变多见于小肠末端的50厘米及邻近结肠上1/3处，常看到浆膜下和肠系膜水肿，病变部位的肠壁增厚，外肌层肥大，肠管直径变大。肠黏膜形成横向和纵向皱褶，呈脑回状，并出现坏死病变。黏膜表面湿润而无黏液。

根据病理变化，猪增生性肠炎可分为三种类型，即坏死性肠炎、局限性回肠炎和急性出血性肠炎。

（1）**坏死性肠炎** 局灶性坏死导致肠穿孔，肠系膜充血、出血，肠穿孔还可导致广泛性腹膜炎。还可见凝固性坏死和炎性渗出物形成灰黄色干酪物，顽固地附在肠壁上。有时还可看到胃底黏膜出血。

（2）局限性回肠炎　肠壁平滑肌显著肥大，如同硬管，习惯上称软管肠，打开肠腔，可见溃疡面，常呈条状。

（3）急性出血性肠炎　很少波及大肠，主要引起回肠壁增厚，小肠内可见有凝血块，结肠也总能见到黑色焦油状粪便。肠系膜淋巴结肿大。

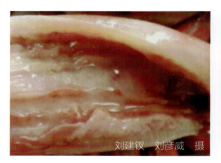
肠壁增厚，外肌层肥大

回肠壁增厚如硬管状

肠壁皱褶呈脑回状，并出现坏死病变

局灶性坏死导致肠穿孔，肠系膜充血、出血

因肠穿孔导致广泛性腹膜炎和腹水

结肠浆外出现广泛性炎症

诊断要点

（1）临床症状　急性出血性贫血、血色水样腹泻、间歇性腹泻。
（2）剖检变化　坏死性肠炎、局限性回肠炎、急性出血性肠病。

预防措施

1）免疫接种。国外已经研制出猪增生性肠炎的无毒活疫苗，可有效控制本病。
2）加强饲养管理，实行全进全出制度，有条件的猪场可考虑实行多地饲养。
3）尽量减少应激反应，转栏、换料前给予适当的药物可较好地预防本病。
4）严格消毒，加强灭鼠措施，搞好粪便管理。尤其是哺乳期间尽量减少仔猪接触母猪粪便的机会。

治疗方法

1）治疗用药。
①抗病毒Ⅰ号粉＋复方替米先锋，混合后按每袋500千克拌料，连用7天。
②泰乐菌素＋山莨菪碱，按推荐剂量肌肉注射，每天1次，连用3天。
③氟苯尼考注射液＋长效土霉素，混合后按每千克体重20毫克肌内注射，2天1次，连用3天。
④每天供给充足的饮水或口服补液盐（配方为氯化钠3.5克、碳酸氢钠2.5克、氯化钾1.5克、无水葡萄糖20克，添加到1000毫升水中），有利于增加机体的电解质，保持酸碱平衡，防止脱水，增强抗病能力，促进生长发育。

2）隔离治疗发病猪，交替使用2.5%恩诺沙星注射液或硫酸小檗碱注射液，按说明书的剂量于病猪交巢穴（位于尾根之下及肛门之上的中心凹陷处）注射，每天1次，连续3~4天。

3）在基础日粮中添加泰妙菌素（100克/吨饲料）和阿莫西林粉（200克/吨饲料）或替米考星

（500 克 / 吨饲料）和阿莫西林（500 克 / 吨饲料），连用 7~10 天。

4）经过药物治疗后，对少数机体瘦弱、贫血、食量少的猪，分别每头 1 次肌内注射牲血素（含硒型）2.5~3 毫升、复合维生素 B 注射液 4~5 毫升，对增加食欲，恢复健康，促进生长发育有良好的作用。

5）预防用药。硫酸黏霉素 120 毫克 / 千克、泰乐菌素 100 毫克 / 千克、林可霉素 110 毫克 / 千克或金霉素（或土霉素）400 毫克 / 千克，连续用药 2~3 周。可将药物溶于水中或混到饲料中口服，也可对感染猪和接触猪肌内注射相同剂量的药物。在更新猪群时，新种猪在运输经过污染区域及进入感染群前，应采用治疗水平的抗生素对新种猪治疗一段时间，以防止临床病例的发生。

九、猪传染性胸膜肺炎

简介

猪传染性胸膜肺炎是猪的一种呼吸道传染病，临床上以高热、呼吸困难、急性出血性纤维素性胸膜肺炎和慢性纤维素性坏死性胸膜肺炎为主要特征，急性型死亡率高，慢性型常能耐过。

病原与流行特点

病原为巴氏杆菌科放线杆菌属的胸膜肺炎放线杆菌。各个年龄猪均可感染，但以生长阶段和育肥阶段的猪较为常见，保育猪较少发生。病猪和处于潜伏期的感染猪是主要传染源。主要传播途径是飞沫传播。猪的转移或混群，拥挤或恶劣的天气条件（如气温突然改变、潮湿及通风不畅）均会加速本病的传播和增加发病的危险性。本病的流行有明显的季节性，春季和秋季多发。

临床症状

人工感染的潜伏期为1~7天或更长。由于动物的年龄、免疫状态、环境因素及病原感染数量的差异，临床上发病猪的病程可分为急性型、亚急性型和慢性型。

（1）**急性型**　突然发病，病猪体温升高至41.5℃以上且持续不退，呼吸困难，并伴有阵发性咳嗽。皮肤发红，精神沉郁，心衰。鼻、耳、眼及四肢皮肤发绀。晚期呼吸极度困难，经常呆立或呈犬坐式，张口伸舌，呈腹式呼吸。濒死前体温下降，并从口鼻流出血样泡沫状分泌物，常于1天内窒息死亡。

（2）**亚急性型**　病猪体温升高可达40.5~41.5℃，通常由急性型转变而来，主要表现气喘、间歇性咳嗽和食欲减退。由于饲养管理及其他应激因素的差异，病程长短不定，所以在同一猪群中可能会出现病程不同的病猪，最后可逐渐痊愈或转为慢性经过。

（3）**慢性型**　食欲和精神变化不明显，体温为39.5~40℃。消瘦，生长迟缓，饲料转化率降低。病程几天至数周不等。

病理变化

主要病变存在于肺和呼吸道内，肺呈紫红色，肺炎多是双侧性的，并多在肺的心叶、尖叶和膈叶出现病灶，其与正常组织界线分明。急性死亡的病猪气管、支气管中充满泡沫状、血性黏液及浅黄色的黏膜渗出物，无纤维素性胸膜炎出现。发病24小时以上的病猪，肺炎区出现纤维素性物质附于表面，肺瘀血、出血、水肿、间质增宽、有肝变。气管、支气管中充满泡沫状血样渗出物，喉头充满血样液体，腹股沟淋巴结、肺门淋巴结显著肿大。随着病程的发展，胸膜增厚，纤维素性胸膜炎蔓延至整个肺，使肺和胸膜粘连。常伴发心包炎、心内膜出血、肝脏、脾脏肿大、瘀血，呈暗红色，肾脏充血，膀胱黏膜、胃底黏膜出血、潮红。病程较长的慢性病例，可见硬实肺炎区，病灶硬化或坏死。病死猪的耳、鼻、眼及四肢皮肤常发绀及出现紫斑。

（1）**急性型**　剖检病死猪可见气管和支气管内充满泡沫状血样分泌物。肺充血、出血和血管内有纤维素性血栓形成。肺泡与间质水肿，肺的前下部有炎症出现。

（2）**亚急性型** 剖检病死猪可见喉头部、气管和支气管内充有泡沫状或泡沫状血样液体。双侧性肺炎，常在心叶、尖叶和膈叶出现病灶，病灶区呈紫红色，坚实，轮廓清晰，肺间质积留血色胶样液体，有时可见胸腔积液。随着病程的发展，纤维素性胸膜肺炎蔓延至整个肺，肺与胸膜发生纤维素性粘连。肺可能出现大的干酪样病灶或空洞，空洞内可见坏死碎屑。如继发细菌感染，则肺炎病灶转变为脓肿。

（3）**慢性型** 肺上可见大小不等的结节（结节常发生于膈叶），结节周围包裹有较厚的结缔组织，结节有的在肺内部，切面膨胀，可触摸到块状增生，有的凸出于肺表面，并在其上有纤维素附着而与胸壁或心包粘连，或与肺粘连。

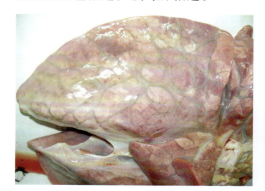
肺被膜增厚，间质水肿、增宽

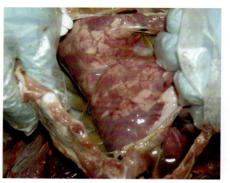
胸肺粘连，胸腔有胶冻状及纤维素性渗出物

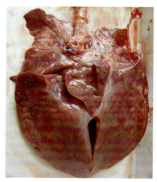
肺瘀血、出血、水肿

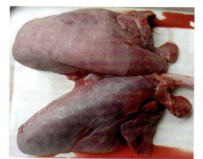
肺被膜增厚，有纤维素性渗出物

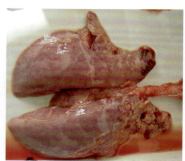
肺膨大，可触摸到块状增生

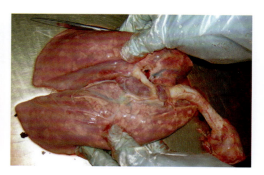
肺膨大，出现瘀血、出血、水肿

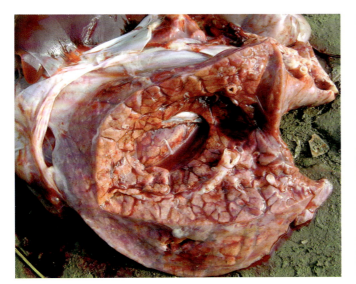
肺切面膨胀，内有结节状硬块

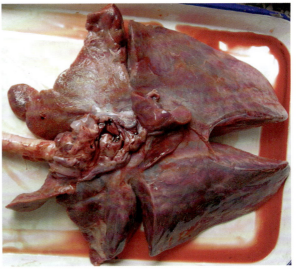
肺被膜增厚，出现纤维素性胸膜肺炎

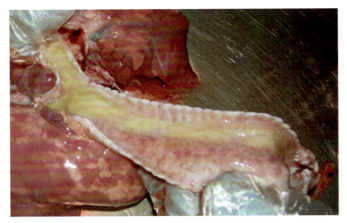
气管及支气管内出现浅黄色黏膜渗出物

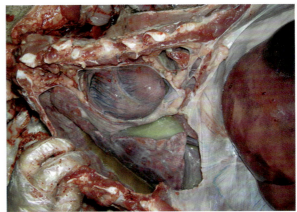
胸腔积液，呈纤维素性胸膜肺炎

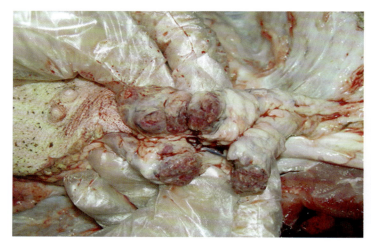
腹股沟淋巴结肿大、出血

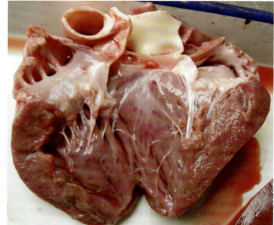
心内膜轻度出血

心内膜出血

肝脏肿大、瘀血、出血

第二章 细菌病

肝脏肿大，胆囊扩张

肾脏充血，肾小盏和肾大盏潮红

脾脏肿大、瘀血，呈暗红色

脾脏肿大，可见少量丘状凸起

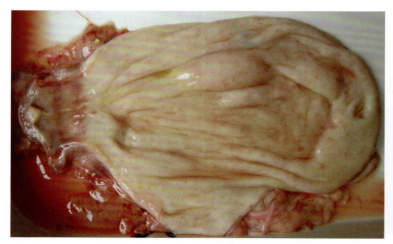

膀胱颈充血、出血，膀胱黏膜潮红

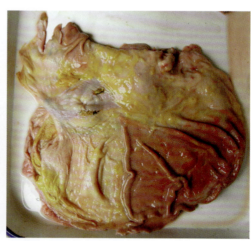

幽门及胃底黏膜充血、出血

诊断要点

（1）临床症状　皮肤发红，高热、呼吸困难、不同程度地出现间歇性咳嗽。
（2）剖检变化　急性出血性纤维素性胸膜肺炎、慢性纤维素性增生性胸膜肺炎。

预防措施

（1）加强饲养管理　首先应加强饲养管理，严格卫生消毒措施，注意通风换气，保持舍内空气清新。减少各种应激因素的影响，保持猪群的营养水平足够均衡。

（2）加强猪场的生物安全措施　从无病猪场引进公猪或后备母猪，防止引进带菌猪；采用全进全出制度，出猪后栏舍彻底清洁消毒，空栏1~2周才能重新使用。新引进猪应该进行疫苗免疫接种并口服抗菌药物，并隔离观察1个月，再进行混群饲养。

（3）血清学检查　对已污染本病的猪场应定期进行血清学检查，清除血清学阳性带菌猪，并制订药物防治计划，逐步建立健康猪群。在混群、疫苗注射或长途运输前1~2天，应投喂敏感的抗菌药物，如在饲料中添加适量的磺胺类药物或泰妙霉素、泰乐菌素、新霉素、林可霉素和壮观霉素等抗生素，进行药物预防，可控制猪群发病。

（4）疫苗免疫接种　我国目前批准生产的疫苗是亚单位疫苗和灭活疫苗，使用方法是2毫升/头，注射1次后，间隔14~20天再加强免疫1次，免疫期为6个月，建议仔猪35~40日龄进行第1次免疫，4周后加强免疫1次；母猪产前6周和2周各免疫1次，以后每隔6个月免疫1次。

治疗方法

发现病猪后，早期隔离治疗有一定效果。
①头孢噻呋注射液，每千克体重5毫克，肌内注射，每天1次，连用3天。
②替米考星注射液，每千克体重10毫克，皮下注射，每天1次，连用3天。

③30% 氟苯尼考注射液，每千克体重 0.1 毫升，肌内注射，每 2 天注射 1 次，连用 2 次。

④阿莫西林每千克体重 20 毫克，盐酸恩诺沙星每千克体重 5 毫克和地塞米松每头 10 毫克，3 种药混合，肌内注射，每天 1 次，连用 5 天。

⑤硫酸阿米卡星，每千克体重 8 毫克，肌内注射，每天 1 次，连用 5 天。

⑥全群拌料：替米考星，每吨饲料中加入 200~400 克，拌匀后给母猪分娩前、后各饲喂 7 天。也可用 80% 支原净 120 克、强力霉素 150 克、阿莫西林 200 克，拌入 1 吨饲料中，于母猪分娩前、后各饲喂 7 天；断奶仔猪用 80% 泰妙菌素 80 克、强力霉素 120 克，拌入 1 吨饲料中，给断奶前后的仔猪各饲喂 7 天，同时配合阿莫西林，每吨水加入 150 克，饮用 10 天。

十、猪气喘病

简介

猪气喘病又称为猪支原体肺炎、猪地方流行性肺炎，是猪的一种接触性、慢性呼吸道传染病。其临床特征为气喘和咳嗽。病理特征为融合性支气管肺炎，肺心叶、尖叶、膈叶前缘和副叶呈肉样变或虾肉样变。

病原与流行特点

病原为猪肺炎支原体。自然感染仅见于猪，各个年龄、性别和品种的猪均能感染，其中以哺乳仔猪和幼猪最易感。母猪和成年猪多呈慢性和隐性感染。病猪和带毒猪是猪气喘病的传染源。病猪从呼吸道排毒，病原体随病猪咳嗽、气喘和喷嚏的分泌物排到体外，形成飞沫，经呼吸道感染健康猪。本病具有明显的季节性,以冬春季节多见。

临床症状

本病的主要临床症状是咳嗽和气喘。

(1) **急性型** 常见于新发病猪群,以仔猪、妊娠母猪和哺乳仔猪多发,呼吸困难,呈腹式呼吸,口鼻流沫,严重的发出喘鸣声;体温一般正常,食欲减退或废绝,常因窒息死亡。

(2) **慢性型** 多见于老疫区的架子猪、育肥猪和后备母猪,干咳、气喘可连续数周甚至数月,咳嗽以清晨和晚间更剧烈,运动或进食时可加剧。病猪消瘦,生长缓慢,容易继发猪肺疫,死亡率增加。

(3) **隐性型** 一般情况下发育良好,不表现临床症状,或偶见个别猪咳嗽。

病理变化

病变主要局限于肺和淋巴结。肺瘀血、出血、水肿,两侧肺的心叶、尖叶和膈叶前下部见有融合性支气管肺炎病变。其特点多为两侧病变对称,与正常肺组织界线明显,病变部呈灰红色或灰黄色,硬度增加,外观呈肉样变,切面多汁,组织致密。气管和支气管内有大量黏性泡沫样分泌物。病程较长的病例,病变部坚韧度增加,呈灰黄色或灰白色。肺门淋巴结和纵隔淋巴结明显肿大,呈灰白色,切面湿润。

肺脏尖叶及心叶呈肉样变,与正常肺组织界线清晰

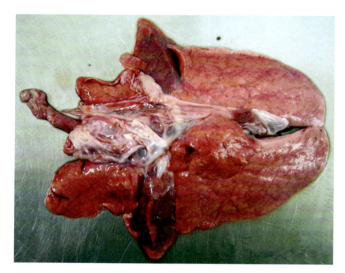

肺瘀血、出血，其心叶呈肉样变

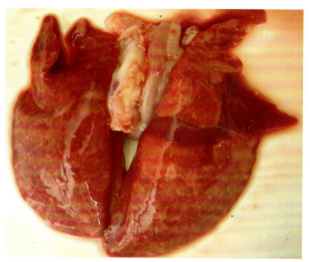

肺瘀血、出血、水肿，其尖叶、心叶及部分膈叶呈肉样变

诊断要点

（1）临床症状　气喘、咳嗽。
（2）剖检变化　融合性支气管肺炎，肺心叶、尖叶、膈叶前缘呈肉样变或虾肉样变。

预防措施

（1）加强消毒和饲养管理　坚持自繁自养，杜绝外来病猪入场。如须引进，一定要严把隔离检疫关（观察期至少为2个月），同时做好相应的消毒管理；保证猪群各阶段的合理营养，避免饲料霉败变质；结合季节变换要做好小环境的控制，严格控制饲养密度，最好实行全进全出制度；多种化学消毒剂定期交替消毒；由于猪肺炎支原体可以改变表面抗原而造成免疫逃逸，导致免疫力减弱，因此猪场需配合药物防治，一个疗程一般为 3~5 天，特别是妊娠母猪应进行药物拌料净化，其所产仔猪单独饲养，不留作种用，条件具备的猪场实行早期隔离断奶，尽可能减少母猪和仔猪的接触时间。

（2）疫苗免疫　我国目前批准生产的疫苗有乳化弱毒冻干疫苗、168 株弱毒疫苗等，也可以用进口疫苗进行免疫接种，使用方法见疫苗说明书。

治疗方法

（1）西药疗法

①硫酸卡那霉素注射液，每千克体重 2 万 ~3 万国际单位，肌内注射，每天 1 次，连用 5 天。

②盐酸土霉素，每千克体重 30 毫克（第 1 次用量加倍），用 0.25% 普鲁卡因或 5% 葡萄糖生理盐水稀释后肌内注射，每天 1 次，5 天为 1 个疗程。重症者可适当延长 1 个疗程。也可以气管内注射盐酸土霉素，每千克体重 6 毫克，效果较好。卡那霉素如果与土霉素交替使用可以提高疗效。

③林可霉素注射液，每千克体重 50 毫克，每天 1 次，5 天为 1 疗程，对于明显腹式呼吸并减食的重症病猪，除延长林可霉素疗程外，同时须用对症疗法和加强护理。轻症猪群每吨饲料加入林可霉素 200 克，连续喂服 3 周。

④盐酸环丙沙星注射液，每千克体重 5 毫克，每天 2 次，连用 3 天。

⑤多西环素注射液，每千克体重 10~15 毫克，肌内注射，每天 1 次，连用 5~7 天。

⑥国外也有报道用维生素 B_6 治疗猪气喘病，控制气喘病的流行。一般大猪每天喂 50~70 毫克，小猪 20~30 毫克，病重的可酌情加量，拌料喂给，连用 3~4 天。

（2）中药疗法

①杏仁 15 克、麻黄 10 克、桂枝 10 克、甘草 5 克组方，粉碎成面后拌料饲喂，大中猪每天用 50 克，小猪减半，每天 2 次，连用 3 天。

②百部 50 克、百合 50 克、麦冬 25 克、麻仁 50 克、黑芝麻 75 克，粉碎成面后拌料饲喂，大中猪 50 克，小猪减半，每天 2 次，连用 3 天。

③贝母 40 克、黄连 50 克、白芷 50 克、郁金 65 克、黄芩 50 克、大黄 65 克、杏仁 17 克，研磨拌料饲喂，大中猪每天用 50 克，小猪减半。每天 2 次，连用 3 天。

十一、副猪嗜血杆菌病

简介

副猪嗜血杆菌病又称为革拉泽氏病，是由副猪嗜血杆菌引起的猪的多发性浆膜炎和关节炎。临床症状主要表现为咳嗽、呼吸困难、消瘦、跛行和被毛粗乱；剖检病变主要表现为胸膜炎、心包炎、腹膜炎、关节炎和脑膜炎等。

病原与流行特点

病原为巴氏杆菌科嗜血杆菌属的副猪嗜血杆菌，是猪上呼吸道中的常在菌。主要在断奶前后和保育阶段发病，其中 5~8 周龄的保育猪最易感。病猪和带菌猪是本病的传染源。本病主要通过呼吸道传播，污染的器械也是传播媒介。当猪群中存在猪繁殖与呼吸综合征、猪流感或猪气喘病的情况下，以及饲养环境差、断水等其他情况下本病更容易发生。断奶、转群、混群或长途运输也是常见的诱因。副猪嗜血杆菌病曾一度被认为是由应激所引起的。本病的流行无明显的季节性，但在寒冷、潮湿季节多发。

临床症状

临床症状取决于炎症部位，包括发热、呼吸困难、皮肤及黏膜发绀、关节肿胀、跛行、站立困难甚至瘫痪、变成僵猪或死亡。母猪发病可引起流产，公猪发病会跛行。哺乳母猪的跛行可能导致母性的极端弱化。病猪全身皮肤呈暗红色，濒死期体表发绀，因腹腔内有大量黄色腹水，腹围增大。

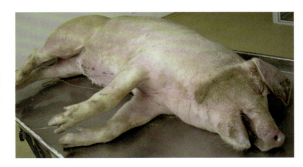

全身皮肤呈暗红色

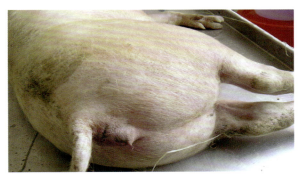

臀部及股内侧呈暗红色

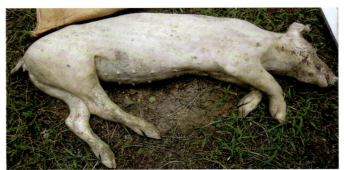

病程较长者体况变差，贫血消瘦

病理变化

体表常有大面积的瘀血和瘀斑，病情严重的病猪四肢末端、耳朵和胸背部的皮肤呈紫色。胸膜、腹膜、心包膜、脑膜、关节滑膜大肠浆膜出现浆液性、化脓性、纤维蛋白渗出性炎症。当渗出的纤维蛋白在心包外膜凝集时，常形成绒毛心，有时发生心包粘连，心内膜出血，心外膜附有黄色纤维素性渗出物。胸膜表面和心外膜上形成纤维素性假膜，继而发生粘连。肺瘀血、水肿，表面常被覆薄层纤维蛋白膜，并常与胸壁发生粘连。气管出现大量泡沫状液体。关节周围组织发炎和水肿，关节囊肿大，关节液增多、混浊，内含大量胶冻状渗出物。脑软膜充血、瘀血和轻度出血，脑回变得扁平，脑膜与头骨的内膜及脑实质粘连。全身淋巴结肿胀，潮红、出血。胸腔有浅绿色积液，腹腔内有大量黄色积液，腹腔内脂肪浆膜黄染。肝脏瘀血，肝被膜增厚。脾脏肿大，被膜增厚，边缘呈锯齿状。喉头水肿，点状出血，有白色坏死灶。胃底黏膜潮红，大面积出血。

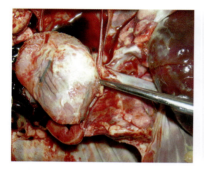
心包积液且混浊，心外膜附有纤维素性渗出物

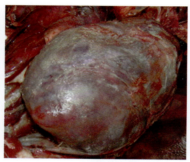
心脏与心包粘连，心外膜有纤维素性渗出物附着

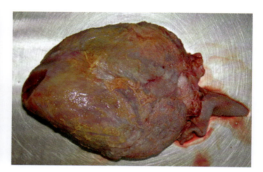
心外膜附有黄色纤维素性渗出物

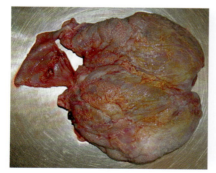
纤维素性心包炎，可见绒毛心

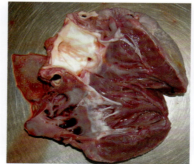
心内膜出血

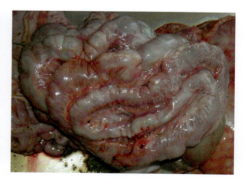
大肠浆膜出血并有纤维蛋白渗出

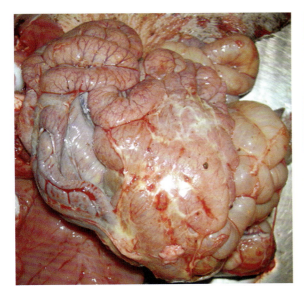
肠管被纤维素性渗出物粘连

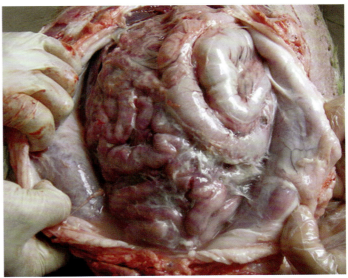
胸腔积液、混浊，可见纤维素性腹膜炎及浆膜炎，内脏粘连

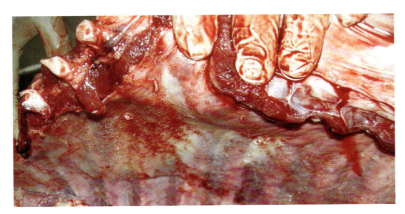
出现纤维素性胸膜炎

胸腔有大量浅绿色积液，呈现纤维素性胸膜炎

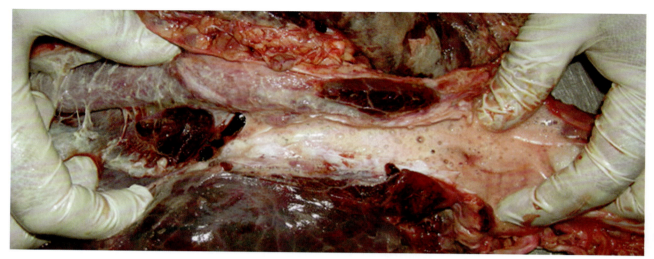

气管及支气管内出现大量泡沫性液体

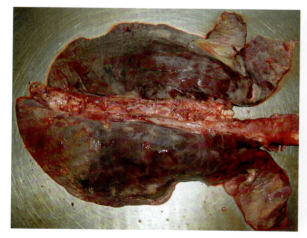

肺瘀血、出血、水肿，其被膜有薄层纤维蛋白膜

腹股沟淋巴结肿大、潮红

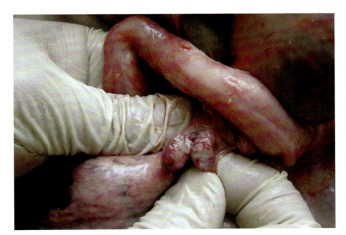
肠系膜淋巴结肿大、出血

肝被膜炎，可见大量纤维蛋白附着

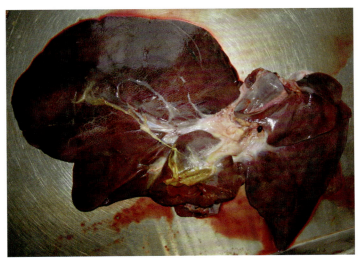
肝脏瘀血、出血，肝被膜增厚

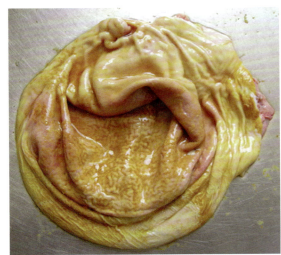
胃底黏膜潮红，六面积轻度出血

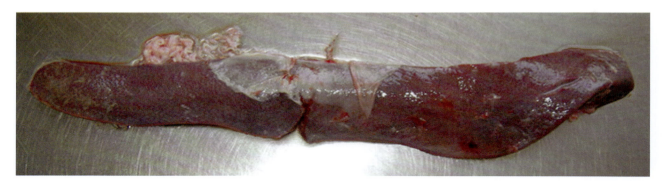

脾脏被膜增厚，附有纤维素性渗出物

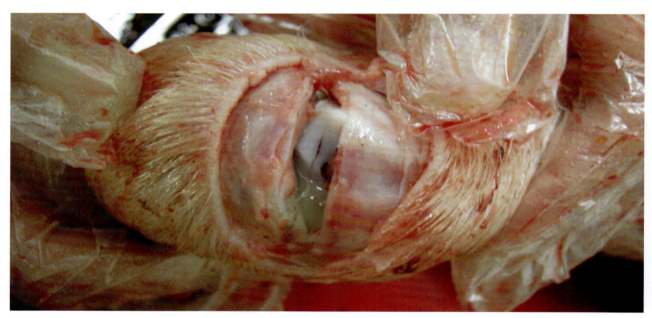

关节腔内可见大量胶冻状渗出物

诊断要点

（1）**临床症状** 咳嗽、呼吸困难、消瘦、跛行、被毛粗乱。

（2）**剖检变化** 胸膜炎、心包炎、腹膜炎、关节炎、脑膜炎。

预防措施

（1）**严格消毒** 彻底清理猪舍卫生，用2%氢氧化钠喷洒猪圈地面和墙壁，2小时后用清水冲净，再用复合碘喷雾消毒，连续喷雾消毒4~5天。

（2）**加强管理** 消除发病诱因，加强饲养管理与环境消毒，减少各种应激。在疾病流行期，有条件的猪场在仔猪断奶时可暂时不混群，对混群的一定要严格把关，把病猪集中隔离在同一猪舍，对断奶后保育猪分级饲养。注意温差的变化及保温。在猪群断奶、转群、混群或运输前后可在饮水中加一些抗应激的药物，如电解质加维生素C粉饮水5~7天，以增强机体抵抗力，减少应激反应。

（3）**免疫接种** 我国目前批准生产的3种防治副猪嗜血杆菌病的疫苗，它们在使用上有一定的区别，应严格按说明书使用。

治疗方法

大多数血清型的副猪嗜血杆菌可用氨基糖苷类（壮观霉素、庆大霉素，注意肾功能不全者慎用）、β-内酰胺类（青霉素、氨苄西林）、氟喹诺酮类（氧氟沙星、恩诺沙星，注意妊娠期、哺乳期病猪慎用）药物治疗。大多数菌株对红霉素、氨基糖苷类药物和林可霉素有抵抗力。抗生素饮水对严重暴发本病的猪群可能无效。一旦出现临床症状，及时隔离病猪，并立即采取抗生素拌料的方式对整个猪群治疗，或大剂量肌内注射抗生素。同时加强饲养管理，注意环境卫生。

（1）**大群控制** 头孢氨苄每吨添加100克，乳酸环丙沙星每吨添加200克，氟甲砜霉素每吨添加80克，混合拌料，连用5天；并在饮水中加入阿莫西林，每吨添加200克，连用7天。

（2）病猪治疗

①氧氟沙星注射液每头 5~10 毫升、维生素 C 注射液每头 5 毫升、复方氨基比林注射液每头 2 毫升、地塞米松注射液每头 2 毫升，混合一次肌内注射，每天 2 次，连用 3~5 天。

② 30% 氟苯尼考注射液每千克体重 1 毫升、阿米卡星注射液每千克体重 5 毫克、复方氨基比林注射液 2 毫升，一次肌内注射，每天 1 次，连用 3 天。

③头孢噻呋钠注射液每千克体重 5 毫克、复方氨基比林注射液 2 毫升，混合一次肌内注射，每天 1 次，连用 5 天。

④磺胺间甲氧嘧啶钠注射液每千克体重 0.25 毫升，肌内注射，每天 1 次，连用 5 天。

十二、猪肺疫

简介

猪肺疫也称巴氏杆菌病，是由多杀性巴氏杆菌引起的急性或散发性传染病，俗称锁喉风。其特征是最急性型呈败血症变化，咽喉及周围组织急性肿胀，高度呼吸困难；急性型呈纤维素性胸膜肺炎症状；慢性型的肺组织发生肝变。

病原与流行特点

病原为多杀性巴氏杆菌。各种年龄、性别和品种的猪都有易感性。本病原是猪呼吸道常在菌，但病猪仍是主要传染源。病猪从呼吸道、消化道及损伤的皮肤感染，也可因过劳、受寒、感冒、饲养不当、妊娠等使机体抵抗力降低，而发生内源性感染。本病的流行无明显的季节性，但天气多变时易发。

临床症状

临床上常表现为以下3种类型。

（1）**最急性型** 极度呼吸困难，俗称锁喉风，病猪呈犬坐姿势，常突然死亡。大多数病猪体温升高至41℃以上。食欲废绝，咽喉部红肿，热而硬，有痛感。口鼻常流出泡沫样液体，可视黏膜发绀。全身皮肤潮红，肿胀。临死前，耳根、颈部及下腹部等处变成蓝紫色，有时呈现出血斑点，常因窒息而死亡，病程为1~2天。

（2）**急性型** 病例呈现胸膜肺炎症状，病初体温升高，常发生痉挛性干咳，有鼻液和脓性眼眵。病初便秘后腹泻。后期常见皮肤上出现紫斑或者小出血点，最后心力衰竭而死亡。病程为4~6天。

（3）**慢性型** 多见于流行后期，病猪呈现持续性咳嗽，呼吸困难；体温时高时低；有时皮肤出现痂样湿疹；关节肿胀；食欲减退，逐渐消瘦，最后发生腹泻，以致衰竭而死亡。病程为2周左右。

病猪呼吸极度困难，呈犬坐姿势，可视黏膜发绀

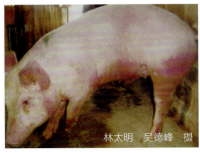

发病前期病猪下颌肿胀，全身皮肤潮红

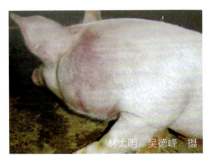

颈部出现严重肿胀，局部皮肤发红

病理变化

（1）**最急性型** 常见皮肤、浆膜、黏膜有大量的出血点，切开咽喉部可见皮下组织有大量胶冻样浅黄色的水肿液。全身淋巴结肿大，切面呈大面积红色。肺充血、瘀血、水肿，可见红色肝变区，气

管、支气管内充满泡沫状液体。脾脏有出血但不肿大。胃肠黏膜出血性炎症。心冠脂肪及心外膜有出血点。病死猪从鼻流出白色泡沫样液体。

（2）**急性型** 败血症变化较轻，常见胸腔积液，纤维素性肺炎，肺可见大小不等的红色或灰色相间的肝变区，肺小叶间质增宽，充满胶冻样液体。胸腔有黄白色纤维素性渗出物沉着，胸膜肥厚，常与病肺粘连。

（3）**慢性型** 肺组织除有肝变外，还见有大块坏死灶和化脓灶，胸膜粘连。

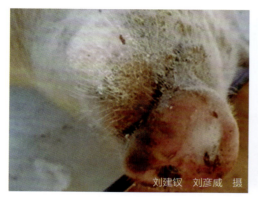
病死猪从鼻流出白色泡沫样液体

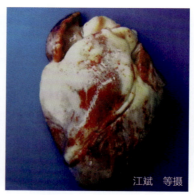
心冠脂肪及心外膜有出血点

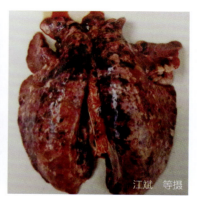
肺出现严重的瘀血、出血、水肿

诊断要点

（1）**临床症状** 败血症、咽喉及周围组织急性肿胀、呼吸极度困难。
（2）**剖检变化** 纤维素性胸膜肺炎、肺组织发生肝变、坏死、化脓。

预防措施

（1）**免疫接种** 我国目前批准生产的疫苗有猪肺疫活疫苗、猪肺疫灭活疫苗、口服猪肺疫活疫苗等，其中活疫苗有 679-230 株、C20 株、EQ630 株等。

1）猪肺疫活疫苗。适用于各生长期的健康猪，使用时要按瓶签规定头份数，加入 20% 氢氧化铝生理盐水稀释，皮下或肌内注射 1 毫升，本疫苗在注射前 7 天及注射后 10 天内，不能使用抗生素及磺胺类药物，本疫苗在稀释后 4 小时内用完。

2）猪肺疫灭活疫苗。适用于各生长期的健康猪，使用时各种猪不论大小，每头皮下或肌内注射 5 毫升，本疫苗在注射前应充分振摇。

3）口服猪肺疫活疫苗。适用于各生长期的健康猪，使用时要按瓶签规定头份数，用冷开水稀释后与饲料充分搅拌均匀后，让猪食用即可。应特别注意，本疫苗只能口服，不能注射；临产母猪不能用本疫苗；本疫苗不得与发酵饲料、酸碱过强的饲料、含抗生素的饲料及 37℃ 以上的饲料搅拌；使用疫苗前后 3~5 天，猪群禁用抗生素与磺胺类药物。

（2）改善饲养管理　最好采用全进全出制的生产程序，封闭式的饲养以减少从外面引猪，降低饲养密度等措施可能对控制本病会有所帮助。新引进猪隔离观察 1 个月后，如果健康方可合群。在条件允许的情况下，提倡早期断奶。

（3）药物预防　对常发病猪场，要在饲料中添加抗菌药物进行预防。防治时应根据本病的发生特点，首先应考虑增强机体的抗病能力。

治疗方法

发生本病时，应将病猪隔离、封锁、严密消毒。同栏的猪，用血清或用疫苗紧急预防。对散发病猪应隔离治疗，消毒猪舍。

①青霉素，160 万~320 万国际单位，肌内注射，同时用 10% 磺胺嘧啶 20~40 毫升，肌内注射，每天 2 次，连用 3 天。

②硫酸庆大霉素，每千克体重 3~5 毫克、土霉素每千克体重 7~15 毫克，肌内注射，每天 2 次，直到体温下降为止。

③抗血清一次性皮下注射，0.5毫升/千克，第2天再注射1次。阿米卡星注射液60万~120万国际单位，肌内注射，每天2~3次，至病愈。

④中药疗法：白药子9克、黄芪9克、大青叶9克、知母6克、连翘6克、桔梗6克、炒牵牛子9克、炒葶苈子9克、炙枇杷叶9克，水煎，2个鸡蛋清为引，一次喂服，每天2剂，连用3天。

十三、猪传染性萎缩性鼻炎

简介

传染性萎缩性鼻炎是一种慢性呼吸道传染病。其特征为鼻炎，颜面部变形，鼻甲骨尤其是鼻甲骨下卷曲发生萎缩和生长迟缓。临床症状表现为打喷嚏、流鼻血、颜面变形、鼻部歪斜和生长迟滞。本病造成猪的料肉比降低，给集约化养猪业造成巨大的经济损失。

病原与流行特点

病原为支气管败血波氏杆菌和（或）产毒多杀性巴氏杆菌。如果主要由支气管败血波氏杆菌或与其他因子（如多杀性巴氏杆菌）共同所致，则引起非进行性萎缩性鼻炎；如果主要由产毒多杀性巴氏杆菌所致，则引起进行性萎缩性鼻炎。各种年龄、性别和品种的猪均可感染，2~5月龄的猪较易感，尤其以仔猪最易感。如果母猪带菌，仔猪出生时即可被感染，1周龄仔猪感染后可引起原发性肺炎，导致全窝仔猪死亡，随日龄的增加，发病率和死亡率下降。病猪和带菌猪是本病的传染源。病菌存在于上呼吸道，主要通过直接接触及飞沫传播，经呼吸道感染。本病的发生多数是通过带菌母猪或其他带菌猪传染给仔猪。不同月龄猪混群，再通过水平传播，扩大到全群。本病在群内传播比较缓慢，多为散发或地方流行性。昆虫、污染物品及饲养管理人员在传播上也起一定作用。本病的流行有明显的季节性,天气多变的秋末、早春和寒冷的冬季易发生。

临床症状

本病的临床症状多出现在4周龄以上的猪。2月龄内的仔猪发病初期有鼻炎症状,打喷嚏、流涕、鼻塞、气喘,鼻腔内出现不同程度的浆液性、黏性或脓性分泌物,甚至造成鼻出血,常表现摇头、拱地、擦鼻等症状;较大的猪感染2~3个月后,病猪出现鼻甲骨严重萎缩,导致鼻腔和面部变形,鼻端歪向一侧,有的患侧鼻孔流血。病猪无论大小,其眼角常出现具有诊断意义的泪斑。大猪感染后多成为带菌者,症状轻微。

病猪摇头、拱地、擦鼻,打喷嚏,流涕,双眼角出现泪斑

病猪左侧鼻孔流出鼻血

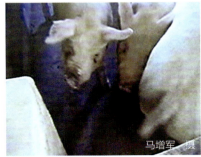
病猪鼻甲骨严重萎缩,鼻向右侧歪斜

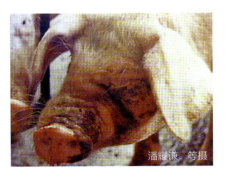
病猪鼻甲骨萎缩,鼻歪向左侧

病理变化

病变局限于鼻腔及邻近组织,可在上颌第1、第2对前臼齿连接处与下颌垂直方向锯断鼻梁,观

察鼻腔内及鼻甲骨的形状与变化，最具特征性的病变是鼻腔软骨和鼻甲骨软化、萎缩甚至消失，鼻中隔发生弯曲。

诊断要点

（1）**临床症状** 打喷嚏、流涕甚至流鼻血、眼角出现泪斑、颜面变形、鼻部歪斜。
（2）**剖检变化** 鼻腔软骨和鼻甲骨软化、萎缩甚至消失，鼻中隔发生弯曲。

预防措施

本病的感染途径主要是由哺乳期的带菌母猪，通过直接接触或飞沫经呼吸道传染给仔猪。病仔猪串圈或混群时，又可传染给其他仔猪，传播范围逐渐扩大。这些病仔猪如果作为种用，又通过引种传到另外猪场。因此，要想有效控制本病，必须执行一套综合性的生物安全措施。

（1）**加强饲养管理** 断奶培育及肥育工作均应采取全进全出制；降低饲养密度，防止拥挤；改善通风条件，减少空气中有害气体；保持猪舍清洁、干燥、防寒保暖；防止各种应激因素的发生；做好清洁卫生工作，严格执行卫生消毒防疫制度。这些都是减少和防止发病的基本操作。

（2）**免疫接种** 我国目前批准生产的疫苗有灭活疫苗和类毒素疫苗，可于母猪产前2个月及1个月分别接种，以提高母源抗体滴度，保护仔猪出生后几周内不受本病感染，也可给1~3周龄的仔猪免疫接种，间隔1周进行二免。

（3）**淘汰病猪** 更新猪群，将有临床症状的猪全部淘汰育肥，减少传染机会。但有的病猪外表症状不明显时，检出率很低，所以这不是彻底根除病猪的方法。比较彻底的措施是将出现过病猪的猪群全部育肥淘汰，不留后患。

（4）**隔离饲养** 对曾与病猪或可疑病猪接触过的猪，隔离观察3~6个月；对母猪所产仔猪，不与其他猪接触；仔猪断奶后仍隔离饲养1~2个月；再从仔猪群中挑选无病症的仔猪留作种用，以不断培育新的健康猪群。发现病猪立即淘汰。这种方法在我国较为适用。

治疗方法

猪传染性萎缩性鼻炎可用β-内酰胺类（青霉素）、氟喹诺酮类（盐酸环丙沙星、恩诺沙星）、氨基糖苷类（庆大霉素、链霉素、卡那霉素）、磺胺类药物（磺胺嘧啶钠、磺胺嘧啶、磺胺二甲嘧啶）配合甲氧苄啶防治。或在饲料日粮中添加磺胺类药物（磺胺嘧啶、磺胺二甲嘧啶）配合β-内酰胺类（青霉素）、大环内酯类（泰乐菌素）联合用药。同时加强饲养管理，注意环境卫生等。

（1）预防用药　哺乳仔猪从15日龄能吃食的时候开始，每天可按每千克体重喂给20~30毫克金霉素或土霉素，连续喂20天，有一定效果。或在母猪分娩前3~4周至产后2周，每吨饲料中加入100~125克磺胺二甲嘧啶和磺胺噻唑，或每吨饲料中加入土霉素400克喂服。

（2）对症治疗　每吨饲料加入磺胺甲氧嗪100克，或金霉素100克，或加入磺胺二甲嘧啶100克、金霉素100克、青霉素50克的混合剂，连续饲喂3~4周，对消除病菌、减轻症状均有好处；对早期有鼻炎症状的病猪，定期向鼻腔内注入卢戈氏碘液、1%~2%硼酸溶液、0.1%高锰酸钾溶液，尤其冲洗流鼻血的病猪鼻腔。

（3）抗生素治疗　颈部肌内注射：先用清开灵（10毫升）稀释阿莫西林（1克），再配上盐酸林可霉素注射液（10毫升）；拌料：磺胺间甲氧嘧啶500克、甲氧苄啶100克、黄芪多糖1000克、葡萄糖3000克拌1000千克饲料。

（4）中药疗法

①辛夷、黄柏、知母、半夏各40克，栀子、黄芩、当归、苍耳子、牛蒡子、桔梗各15克，白薜皮、射干、麦冬、甘草各10克，粉碎后拌入饲料，按每千克饲料加入5克用量，分2次投服。病猪灌服，连用5天。

②冬桑叶40克，生石膏50克，麦门冬、阿胶、胡麻仁、杏仁、枇杷叶各30克，侧柏叶、丹皮各20克，甘草、人参各15克，共为细末，分6次拌料喂服，每天2次，连用2剂。

③冰片12克，煅鱼脑石6克，共研为末，吹鼻，每天2次，连用3天；鼻腔用300克/升的硫酸卡那霉素喷雾，每天2次，连用5天，在饲料中添加泰乐菌素，每吨加入150克，连用14天。

十四、猪链球菌病

简介

猪链球菌病是由致病性链球菌的多个血清型感染而引起的，急性型常以败血症和脑炎为临床特征，慢性型以多发性关节炎、心内膜炎和化脓性淋巴结炎为临床特征。还可发生肺炎、乳腺炎、子宫内膜炎及流产、死胎等多种病症。

病原与流行特点

病原为链球菌属猪链球菌。根据荚膜抗原的差异，猪链球菌曾分为35个血清型（1~34型及1/2型）及相当数量无法定型的菌株。由于32型及34型与其他型差异较大，2005年Nill等人提议将二者划为新种，称为鼠口腔链球菌。现在公认的33个血清型中，1、2、7、9型是猪的致病菌，2型最为常见，也最为重要，它可感染人而致死。1998年及2005年在我国曾有猪链球菌2型大范围感染猪和人的报道。猪链球菌血清型的分布具有地域性。

猪链球菌2型主要感染断奶至6月龄的猪。哺乳仔猪易感，其次是架子猪，成年猪发病率低。病猪和带菌猪是本病的传染源。病菌可以通过尿液、血液及分泌物等排出体外，经呼吸道及皮肤损伤处感染，初生仔猪可由脐带感染。一年四季均可发生，但以5~11月发生较多。

临床症状

（1）败血症型　个别猪突然死亡。大多数病猪体温升高至41℃以上，食欲减退或废绝。全身皮肤发红，跗关节肿大。眼结膜潮红，常伴有浆液性鼻液和呼吸困难。后期皮下呈紫红色或紫红色斑块，以耳、颌下、腹下、四肢较常见。死前从口鼻流出泡沫样血色分泌物。

（2）脑膜脑炎型 病猪常出现共济失调、转圈、磨牙、空嚼、昏睡、卧地时四肢摆动、阵发性痉挛、头向后仰，甚至出现角弓反张等神经症状。

（3）慢性关节炎型 病猪出现多发性关节炎，表现一肢或多肢关节肿胀，跛行，严重时站立不起。

以上3种类型常混合存在，病症可先后出现，很少单独发生。

（4）化脓性淋巴结炎型 病猪下颌、咽部和颈部淋巴结肿胀、坚硬、有热痛感，严重时可影响采食，并造成呼吸困难，甚至形成脓肿。当化脓成熟后，自行破溃，全身症状也明显好转。

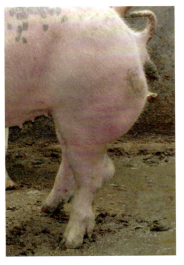

病猪皮肤发红，跗关节肿大

脑膜脑炎型链球菌病：阵发性痉挛，甚至出现角弓反张

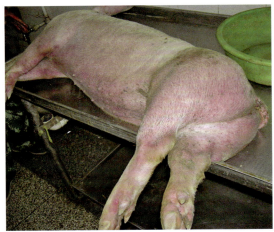

皮下有紫红色斑块

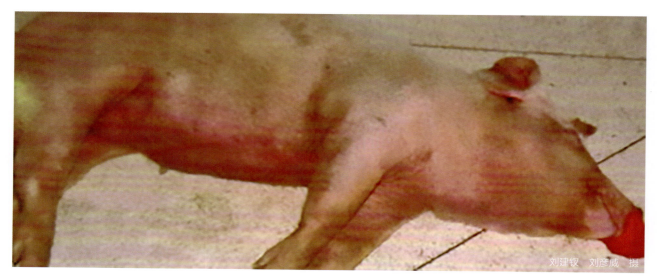

全身皮肤发绀，死前从口鼻流出泡沫样血色分泌物

病理变化

（1）**败血症型** 喉头肿胀，弥漫性充血、潮红，常见鼻和气管及支气管内有泡沫性液体，甚至带有血液。肺肿胀、瘀血，呈暗红色，间质水肿，肺表面散在有不规则的出血点或出血斑。全身淋巴结肿大、出血、坏死，特别是肠系膜淋巴结肿胀严重，个别下颌淋巴结化脓。部分病猪在颈、背、皮下、肺、胃壁、肠系膜及胆囊壁等处常见有胶冻样水肿，肠黏膜弥漫性充血。整个胃黏膜充血潮红，甚至出血呈暗红色，胃门淋巴结肿大，严重出血。脾肿胀，呈暗红色或蓝紫色，少数病例脾边缘常有出血性梗死。心内、心外膜、胃肠、膀胱均有不同程度的出血。病程较长的猪常见有心包炎、纤维素性胸膜炎和腹膜炎，心包腔、胸腔和腹腔内常见有稍混浊呈浅红色的渗出液。肝脏肿大、瘀血、出血。肾脏皮质出血。

（2）**脑膜脑炎型** 出现脑膜炎时，脑实质水肿，脑膜充血、出血，脑脊髓的白质和灰质有出血点。

（3）**慢性关节炎型** 在肿胀的关节囊内见有黄色胶冻样液体或纤维素性渗出物，严重时周围组织化脓。

化脓性跗关节炎

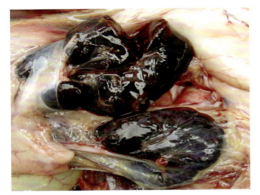

胃门淋巴结高度肿大、严重出血

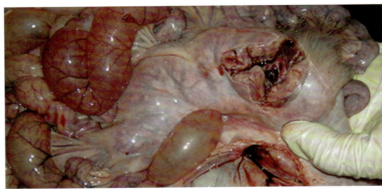

肠系膜淋巴结肿大、出血

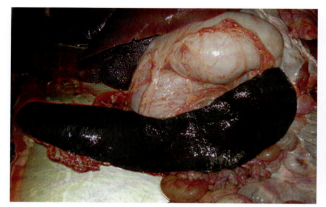

脾脏高度肿大，呈蓝紫色

心包内积有黄红色液体

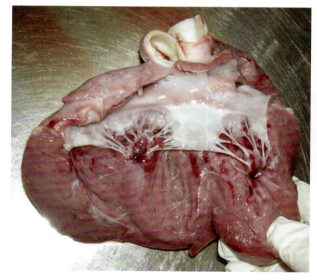

心内膜出血

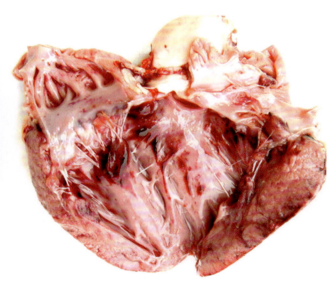

心内膜严重出血

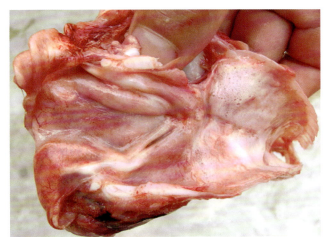

喉头肿胀,弥漫性充血、潮红

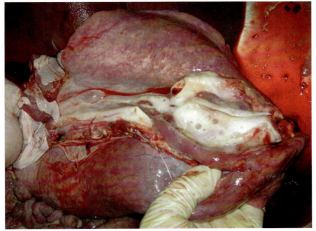

气管和支气管内含有大量泡沫性液体

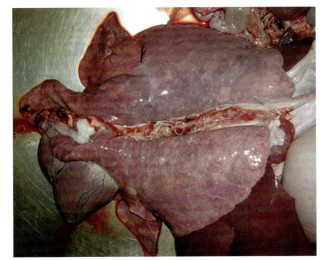

肺瘀血、出血、水肿

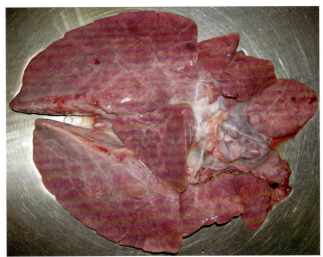

肺瘀血、出血、水肿,其间质水肿

肝脏肿大、瘀血、出血

肾脏皮质出血

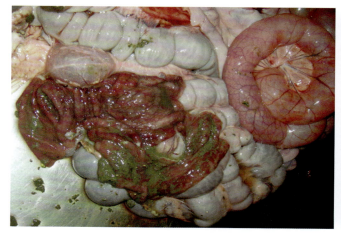

肠黏膜弥漫性充血

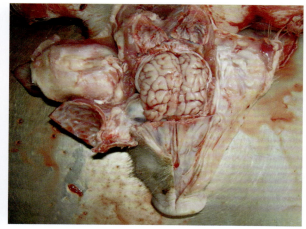

脑膜充血，脑实质水肿

诊断要点

（1）**临床症状** 共济失调、转圈、磨牙、空嚼、昏睡、卧地时四肢摆动、头向后仰、多肢关节肿大、跛行。

（2）**剖检变化** 败血症、脑炎、多发性关节炎、心内膜炎、淋巴结脓肿、肺炎。

预防措施

（1）**加强饲养管理** 加强通风换气，每栏宜养6~8头猪。加强卫生，净道和污道分开，栏杆清洁。若免疫不及时或免疫失败发生链球菌病时，同群健康猪应立即接种链球菌病疫苗实行紧急预防，全场坚持每周1次大消毒，减少病原菌的存有量。

（2）**改善营养状况** 定期在饲料或饮水中添加营养物质如多种维生素、微量元素、多糖类物质等，以增强猪的免疫力，并能减少应激。

（3）**切断传播途径** 提倡在处理猪肉或猪肉加工过程中戴手套以预防猪链球菌感染，对疫点和疫区做好消毒工作，对猪舍和病猪的地面、墙壁、门窗、门拉手等，可用含1%有效氯的消毒液或0.5%过氧乙酸喷洒或擦拭消毒，对病死猪所处的的环境应进行严格消毒处理。

（4）**免疫接种** 我国目前批准生产的疫苗有2种。

1）猪败血性链球菌活疫苗（ST171株），免疫保护期为6个月。肌内注射，每头份加1毫升氢氧化铝生理盐水稀释，每头猪皮下注射1毫升。口服时，用生理盐水稀释，每头猪口服4头份。

2）猪链球菌病灭活疫苗（马链球菌兽疫亚种+猪链球菌2型），用于预防C群马链球菌兽疫亚种和R群猪链球菌2型感染引起的猪链球菌病，适用于断奶仔猪、母猪。第2次免疫后免疫期为6个月。肌内注射，仔猪每次接种2毫升，母猪每次接种3毫升。仔猪在21~28日龄首免，免疫20~30天后按同剂量进行第2次加强免疫。母猪在产前45天首免，产前30天按同剂量进行第2次免疫。

治疗方法

败血型猪链球菌病可选用β-内酰胺类（阿莫西林）、头孢菌素类（头孢噻呋）、氟喹诺酮类（氧氟沙星）、磺胺类（复方磺胺甲噁唑）、大环内酯类（红霉素）、多肽类（林可霉素）等，配合白细胞介素-2治疗效果显著。脑膜炎型猪链球菌病可选用磺胺类（磺胺间甲氧嘧啶）治疗。关节炎型猪链球菌病选用β-内酰胺类（阿莫西林、青霉素）配以普鲁卡因封闭，适用于早期治疗。化脓性淋巴结炎型与局部脓肿型猪链球菌病早期用普鲁卡因配以青霉素治疗，同时注意局部清洗消毒配合磺胺类药物涂抹患处。

（1）对淋巴结脓肿　待脓肿成熟（变软后）及时切开，排除脓汁，用3%过氧化氢或0.1%高锰酸钾冲洗后，涂以碘酊。

（2）对败血症型或脑膜炎型　应早期大剂量使用抗生素或磺胺类药物。青霉素160万~320万国际单位，肌内注射，每天2~4次。庆大霉素每千克体重3~5毫克，肌内注射，每天2次。也可肌内注射盐酸环丙沙星治疗，每千克体重2.5~10毫克，每天2次，连用3天。

（3）中药疗法

①双花20克、蒲公英20克、黄连40克、黄芩30克、黄柏30克、郁金30克、栀子25克、白芍25克、珂子40克、甘草15克，煎汤拌料喂服，每天1剂，连用3天。

②野菊花60克、忍冬藤60克、紫花地丁30克、白毛夏枯草60克、七叶一枝花15克，煎汁，拌料喂服，每天1剂，连用3天。

③蒲公英30克、地丁草30克，煎汁，拌料喂服，每天2次，连用3天。

（4）大群拌料　阿莫西林预混剂（70%），每吨饲料中加入300克，拌料，连用5~7天；氟苯尼考预混剂（20%），每吨饲料400~500克，拌料，连用5~7天；头孢噻呋钠预混剂（5%），拌料，每吨饲料1000克，连用5~7天。

十五、猪布鲁氏菌病

简介

布鲁氏菌病是人兽共患的一种慢性传染病。其特征是侵害生殖系统，母畜发生流产和不孕，公畜可引起睾丸炎。对人则表现为发热、多汗、关节痛、神经痛及肝脏、脾脏肿大。本病分布广泛，可严重地损害人、兽的健康。

病原与流行特点

病原为猪布鲁氏菌。本病的感染范围很广，除人和羊、牛、猪最易感外，其他动物如鹿、骆驼、马、犬、猫、狼、兔、猴、鸡、鸭及一些啮齿动物等都可自然感染。被感染的人或动物，一部分呈现临床症状，大部分为隐性感染而带菌，成为传染源。猪不分品种和年龄都有易感性，以繁育期的猪发病较多，仔猪无临床症状。病原体随病母猪的阴道分泌物和公猪的精液排出，特别是流产胎儿、胎衣和羊水中含菌量最多。通过污染的饲料和饮水，经消化道而感染，也可经配种而感染。母猪在感染后 4~6 个月，75% 可以恢复，不再有活菌存在；公猪的恢复率在 50% 以下；哺乳仔猪感染时，到成年猪后仅 2.5% 带菌。说明大部分感染猪可以自行清除病原体、自行康复，仅少数猪成为永久性的传染源。

临床症状

感染猪大部分呈隐性经过，少数猪呈现典型症状，表现为流产，不孕，睾丸炎，后肢麻痹及跛行，短暂发热或无热，很少发生死亡。流产可发生于妊娠期任何阶段，由于猪的各个胎儿的胎衣互不相连，胎衣和胎儿受侵害的程度及时期并不相同，因此，可能只有一部分流产胎儿死亡，而且死亡时间也不同。母猪在妊娠后期（接近预产期）流产时，所产的仔猪可能有完全健康者，也有虚弱者和不同时期死亡者，而且阴道常流出黏性红色分泌物，经 8~10 天虽可自愈，但排菌时间却较长，需经 30 天以上才能停止。公猪发生睾丸炎时，性欲低下甚至消失，呈一侧性或两侧性睾丸硬肿，有热痛，病程长，后期睾丸萎缩，失去配种能力。

病理变化

常见的病变是子宫、睾丸、附睾、前列腺等处有脓肿。子宫黏膜的脓肿呈粟粒状、帽针头大、灰黄色。公猪发生化脓性、坏死性睾丸炎和附睾炎，切面可见化脓灶及坏死灶。淋巴结肿大，变黄且发硬，呈弥漫性颗粒样淋巴结炎。流产胎儿和胎衣的病变不明显，偶见胎衣充血、水肿及斑状出血，少数胎儿的皮下有出血性液体，流产胎儿多为死胎，死胎表面水肿、大面积片状出血。腹腔积液增多，有自溶性变化。

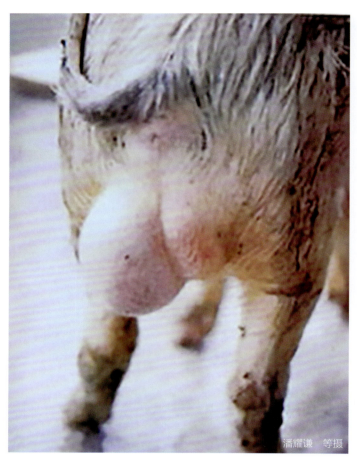

病猪患侧睾丸肿胀

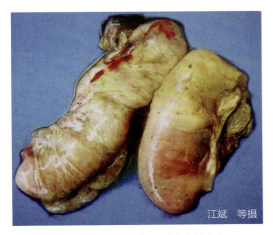
妊娠中期出现的流产胎儿,偶见胎衣斑状出血

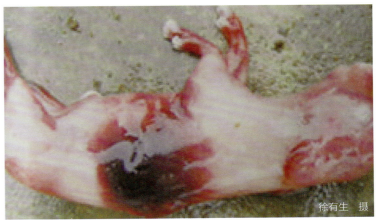
流产胎儿多为死胎,死胎表面水肿、大面积片状出血

诊断要点

（1）临床症状　母猪流产、死胎、不孕、胎衣不下，阴道有红色黏性分泌物，食欲减退，精神沉郁。公猪性欲低下甚至消失，睾丸肿大、变硬并伴有发热，后肢麻痹及跛行，关节肿大、发炎、内有积液，短暂发热或不发热。

（2）剖检变化　子宫、睾丸、附睾、前列腺等处有脓肿。子宫黏膜的脓肿呈粟粒状、帽针头大、灰黄色。公猪发生化脓性、坏死性睾丸炎和附睾炎，切面可见化脓灶及坏死灶。

防控措施

（1）加强检疫，提倡自繁自养　要从规模化健康猪场购进猪，特别是新购入的种猪，必须隔离观察1个月，并做2次布鲁氏菌检疫，确认健康后方能合群。每年配种前，种公猪也必须进行检疫，确认健康后方能配种。养殖场每年对种猪做 2 次检疫，检出的病猪最好予以淘汰。

（2）**定期免疫**　健康猪用布鲁氏菌病活疫苗（S2 株）进行预防接种，饮服 2 次，间隔 30~45 天，每次剂量为 200 亿个活菌，免疫期为 1 年。

（3）**严格消毒**　对病猪污染的猪舍、饲槽及各种饲养用具等，用来苏儿、10%~20% 石灰乳、2% 氢氧化钠等进行消毒。流产胎儿、胎衣、羊水及产道分泌物等，更要妥善消毒处理。

（4）**病畜处理**　病猪宜淘汰，确需治疗者可在隔离条件下进行。对流产伴发子宫内膜炎或胎衣不下者，经剥离后的病猪，可用 0.1% 高锰酸钾、0.02% 呋喃西林等洗涤阴道和子宫。严重者可用抗生素和磺胺类药物进行治疗。一定要做好工作人员的个人保护，因为本菌可通过健康正常的皮肤侵入体内。

本病可对公共卫生构成威胁，一旦确诊为布鲁氏菌感染，应立即进行淘汰并做无害化处理。在猪场如果发现感染猪，对全群做平板凝集试验进行检疫，阳性者立即淘汰。

十六、猪附红细胞体病

简介

猪附红细胞体病又称猪嗜血支原体病，是由猪支原体感染血细胞而引起的一种嗜血支原体病。主要引起猪（特别是仔猪）在发病初期全身发红、发热，随后贫血、黄疸，并可造成死亡。

病原与流行特点

病原为柔膜体纲支原体目嗜血支原体簇（尚未定科）附红细胞体属猪支原体。

猪附红细胞体病可发生于各年龄猪，但以仔猪和育肥猪死亡率较高，母猪感染也比较严重。病猪及隐性感染猪是重要的传染源。猪通过摄食血液或带血的物质，如舔食断尾的伤口、互相斗殴等可以直接传播。间接传播可通过活的媒介如疥螨、虱、吸血昆虫（如刺蝇、蚊、蜱等）传播。注射针头也是不可忽视的传播因素，因为在注射治疗或免疫接种时，同窝的猪往往用一个针头注射，有可能造成猪支原体的人为传播。猪支原体可经交配传播，也可经胎盘垂直传播。在所有的感染途径中，吸血昆虫是最主要的传播方式。

临床症状

（1）**哺乳仔猪** 5日龄内发病症状明显，新生仔猪出现全身皮肤发红，精神沉郁，吮乳减少或废绝，耳朵发紫，腹泻，急性死亡。一般7~10日龄多发，体温升高，眼结膜皮肤苍白或黄染，贫血，四肢抽搐、发抖、腹泻、粪便呈深黄色或黄色黏稠，有腥臭味，死亡率在20%~90%，部分病猪很快死亡。大部分仔猪临死前四肢抽搐或划地，有的角弓反张。部分治愈的仔猪会变成僵猪。

（2）**保育猪和肥育猪** 根据病程长短不同可分为三种类型：急性型，病例较少见，病程为1~3天。亚急性型，病猪体温升高达39.5~42℃，病初精神委顿，食欲减退，颤抖，喜卧。出现便秘，排算盘珠样干粪，一般无黏液附着。排黄色或茶色尿液。病猪耳朵、颈下、胸前、腹下、四肢内侧等部位皮肤红紫，成为"红皮猪"；有的病猪两后肢发生麻痹，不能站立，卧地不起。部分病猪可见耳郭、尾、四肢末端坏死；有的病猪流涎，心悸，呼吸急促，咳嗽，结膜发炎，病程为3~7天，死亡或转为慢性经过。慢性型，病猪体温在39.5~40.5℃，主要表现贫血和黄疸，病猪尿液呈黄色，大便干如栗状，表面带有黑褐色或鲜红色的血液，生长缓慢，出栏延迟。

（3）母猪　症状分为急性型和慢性型两种。急性型感染的症状为持续高热（体温可达42℃），厌食，偶有乳房和阴唇水肿，产仔后乳量少，缺乏母性。慢性型感染猪呈现衰弱，黏膜苍白及黄疸，不发情或屡配不孕，如果有其他疾病或营养不良，可使症状加重，甚至死亡。

短时间内几乎全群发病，发病初期病猪全身发红

发病初期，病猪皮肤发红

发病初期耳朵发紫，皮肤发红

发病中期,皮肤贫血发白,逐渐消瘦

育成猪发病后排出干燥粪球

病理变化

主要病理变化为贫血及黄疸。皮肤及黏膜苍白,血液稀薄、色浅、不易凝固,全身性黄疸,皮下组织水肿,多数有胸水和腹水。心包积液,心外膜有出血点,心肌松弛,质地脆弱。肝脏肿大变形,表面呈棕黄色、有黄色条纹状或灰白色坏死灶,切面瘀血,呈暗红色。胆囊膨胀,内部充满浓稠的明胶样胆汁。脾脏肿大、瘀血、出血、变软,呈暗黑色,有的脾脏有针尖大至米粒大的灰白(黄)色坏死结节。肾脏肿大,有针尖状出血点或黄色斑点。腹股沟淋巴结肿大、出血,切面多汁。肺膨大,可见充血和出血。胃黏膜潮红,充血、出血。猪支原体使红细胞变形,表面内陷溶血,使其携氧功能丧失而引起猪抵抗力下降,易并发感染其他疾病。也有人认为变形的红细胞经过脾脏时溶血,也可能导致全身免疫性溶血,使血凝系统发生改变。显微镜下,大量红细胞变形,呈多边形或锯齿状。

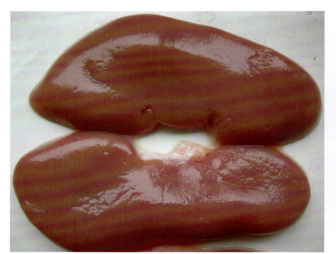

肾脏出现针尖状出血点

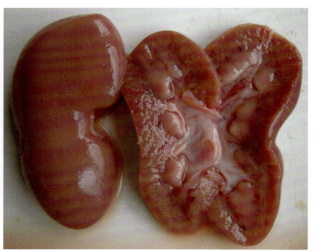

肾脏外表可见出血点，皮质切面也有出血

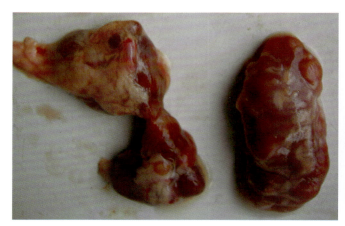

腹股沟淋巴结肿大、出血

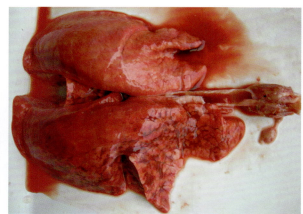

肺轻度充血、出血

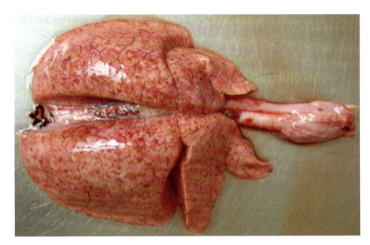
肺膨大，可见充血和出血

肝脏轻度肿大、切面瘀血呈暗红色

脾脏肿大、瘀血、出血

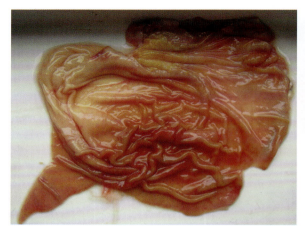

胃黏膜充血、出血

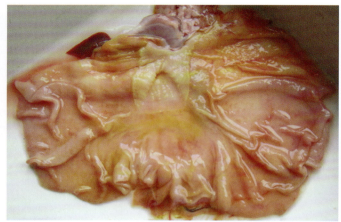

胃黏膜潮红，轻度出血

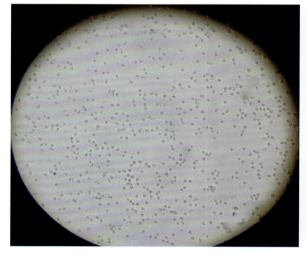

血涂片：红细胞呈多边形或锯齿状（10×40）

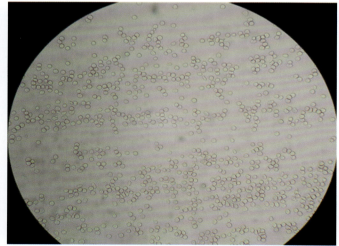

血涂片：大量红细胞变形（10×40）

诊断要点

（1）临床症状　高热、全身发红、耳尖发紫，哺乳仔猪腹泻、成年猪拉干粪，食欲废绝，轻度呼吸困难。

（2）剖检变化　贫血、黄疸，淋巴结肿大，内脏均有不同程度的出血。

预防措施

加强饲养管理，保持猪舍、饲养用具卫生，减少不良应激等是防止本病发生的关键。夏秋季节要经常喷洒灭虫药物，防止昆虫叮咬，切断传染源。在实施如预防注射、断尾、打耳号、阉割等饲养管理程序时，应及时更换器械、严格消毒。购入猪时应进行血液检查，防止引入病猪或隐性感染猪。本病流行季节给予预防用药，可在饲料中添加土霉素、金霉素或多西环素等药物。

治疗方法

治疗猪附红细胞体病的首选药物是咪多卡，注射给药；也可采用黄芪、常山、青蒿素、贯众、柴胡和白头翁等中药进行治疗。同时对症治疗（注射维生素 B_{12} 和铁制剂），加强饲养管理；一旦发现可疑病猪及早诊断，及时隔离病猪进行治疗。

（1）西药疗法

①三氮脒（血虫净、贝尼尔），每千克体重用 5~10 毫克，用生理盐水稀释成 5% 溶液，分点进行肌内注射，每天 1 次，连用 3 天。

②咪多卡，每千克体重用 1~3 毫克，每天 1 次，连用 2~3 天。

③四环素、土霉素，每千克体重 10 毫克，或金霉素每千克体重 15 毫克，口服或肌内注射或静脉注射，连用 7~14 天。

（2）中药疗法

①生地、柴胡、玄参、丹皮、赤芍、板蓝根各20克，黄芩、杏仁、荆芥、薄荷、双花、连翘各15克，石膏40克，甘草5克，供体重为40千克的猪用，每天1次，连用2天。

②当归100克、熟地60克、赤芍50克、黄芪60克、川芎30克、常山100克、地榆70克、苦参70克、青蒿60克，粉碎后按1%的比例混饲或每头猪30~50克，开水冲调，温后灌服，每天1剂。

③水牛角120克、黑栀子90克、桔梗30克、黄芩30克、赤芍30克、生地30克、玄参90克、连翘壳60克、鲜竹叶30克、丹皮30克、紫草30克、生石膏240克，加入5000毫升水，煎开20分钟取汁，按每千克体重10~20毫升计算，分早、晚饮用，药渣加入饲料中饲喂。

④当归100克、黄芪60克、常山100克、苦参70克、青蒿60克、川芎30克、地榆70克、天花粉30克，经粉碎混匀，开水冲调，温后灌服，按每千克体重10~20毫克计算，每天2次。

十七、猪丹毒

简介

猪丹毒是猪丹毒杆菌引起猪的一种急性、热性传染病。主要特征为高热、败血症（急性型）、皮肤疹块（亚急性型）、慢性疣状心内膜炎及皮肤坏死与多发性非化脓性关节炎（慢性型）。目前集约化养猪场发病比较少见，但仍未完全得到控制。本病呈世界性分布。

病原与流行特点

病原为猪丹毒杆菌。本病主要发生于架子猪,其他家畜和禽类也有病例报告,人也可以感染本病,称为类丹毒。病猪和带菌猪是本病的传染源。35%~50%健康猪的扁桃体和其他淋巴组织中存在本菌。病猪、带菌猪及其他带菌动物(分泌物、排泄物)排出菌体污染饲料、饮水、土壤、用具和场舍等,经消化道传染给易感猪。本病也可以通过损伤皮肤及蚊、虱、蝇等吸血昆虫传播。屠宰场、加工场的废料、废水,食堂的残羹,动物性蛋白质饲料(如鱼粉、肉粉等)喂猪常常引起发病。猪丹毒一年四季都有发生,有些地方以炎热多雨季节流行最盛。本病常为散发性或地方流行性,有时也发生暴发性流行。

临床症状

潜伏期短则1天,长的7天。

(1)**急性型** 此型常见,以突然暴发、急性经过和高死亡率为特征。病猪精神不振、高烧不退;食欲废绝、呕吐;结膜充血;粪便干硬,附有黏液。仔猪后期腹泻。耳、颈、背皮肤潮红、发紫。临死前腋下、股内、腹下有不规则的鲜红色出血斑,指压褪色而后又融合在一起。常于3~4天内死亡。死亡率为80%左右,不死则转为亚急性型或慢性型。哺乳仔猪和刚断奶的仔猪发生猪丹毒时,一般突然发病,表现神经症状,抽搐,倒地而死,病程多不超过1天。

(2)**亚急性型** 本型又称皮肤疹块型。病较轻,头一两天在身体不同部位,尤其胸侧、背部、颈部至全身出现界限明显的圆形、四边形或菱形有热感的疹块,俗称火烙印,指压褪色。疹块凸出皮肤2~3毫米,直径为一至数厘米,从几个到几十个不等,干枯后形成棕色痂皮。病猪口渴、便秘、呕吐、体温高。疹块出现后,体温开始下降、病势减轻,经数日至旬余病猪自行康复。也有不少病猪在发病过程中症状恶化而转变为败血症而死。病程为1~2周。

(3)**慢性型** 由急性型或亚急性型转变而来,也有原发性的,常见的症状有慢性关节炎、慢性疣状心内膜炎和皮肤坏死等几种。

1）慢性关节炎型。主要表现为四肢关节（腕、跗关节较膝、髋关节最为常见）的炎性肿胀，病腿僵硬、疼痛。后期急性症状消失，而以关节变形为主，呈现一肢或两肢跛行或卧地不起。病猪食欲正常，但生长缓慢，体质虚弱，消瘦。病程为数周或数月。

2）慢性疣状心内膜炎型。主要表现为消瘦、贫血、衰弱，喜卧厌走动，强迫病猪行走则行动缓慢，全身摇晃。听诊心脏有杂音，心跳加速、亢进，心律不齐，呼吸急促。这种病猪不能治愈，通常由于心脏停搏而突然倒地死亡。常为溃疡性或菜花样疣状赘生性心内膜炎。心律不齐、呼吸困难、贫血。病程持续数周至数月。

3）皮肤坏死型。有时形成皮肤坏死，常发生于背、肩、耳、蹄和尾等部。局部皮肤肿胀、隆起、坏死、色黑、干硬、似皮革。逐渐与其下层新生组织分离，犹如一层甲壳。坏死区有时范围很大，可占整个背部皮肤；有时可在部分耳壳、尾巴、末梢、各蹄壳发生坏死。经2~3个月坏死皮肤脱落，遗留一片无毛、色浅的疤痕而愈。如果有继发感染，则病情复杂，病程延长。

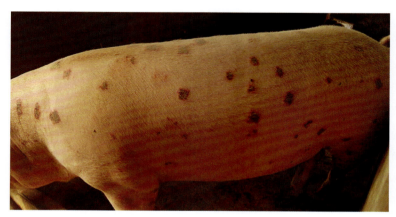
皮肤出现特征性的四边形出血斑，形似火烙印

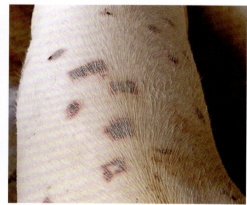
皮肤上可见比较规则的火烙印状出血斑

第二章 细菌病

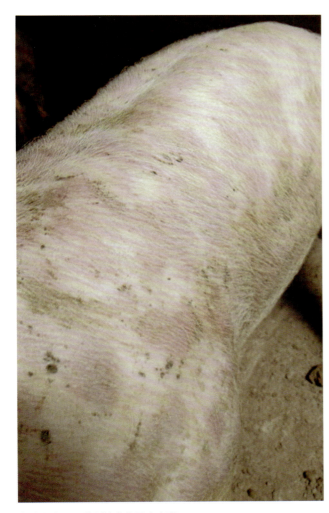

皮肤上出现不典型的充血及出血斑

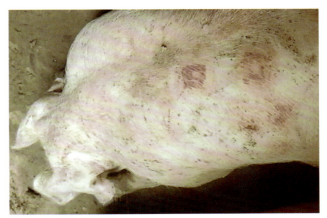

皮肤上出现火烙印状出血斑

断奶仔猪（31日龄）皮肤出现典型的火烙印出血斑

病理变化

（1）**急性型** 胃底及幽门部黏膜发生弥漫性出血，小点出血；整个肠道都有不同程度的卡他性或出血性炎症；脾脏肿大、瘀血、出血，呈典型的败血脾；肾脏瘀血、肿大，有大红肾或大紫肾之称；下颌、膝上淋巴结充血、肿大，切面外翻，多汁；肺瘀血、水肿；心内心外膜均出血。肺瘀血、出血，呈暗红色。

（2）**亚急性型** 充血斑中心可因水肿压迫呈苍白色。

（3）**慢性型** 心内膜炎：在心脏可见到疣状心内膜炎的病变，二尖瓣和主动脉瓣出现菜花样增生物。关节炎：关节肿胀，有浆液性、纤维素性渗出物蓄积。

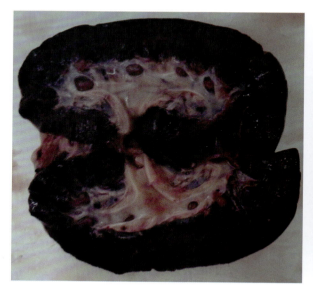

肾脏肿大、瘀血、出血呈紫黑色，俗称大红肾

肾脏肿大、出血呈紫黑色，俗称大红肾

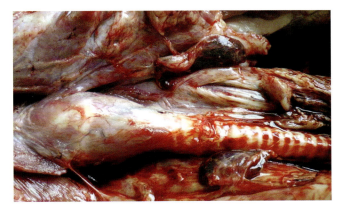
下颌淋巴结肿大、出血

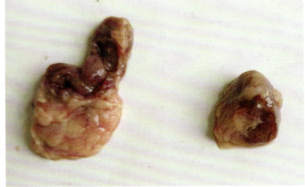
膝上淋巴结肿大、出血

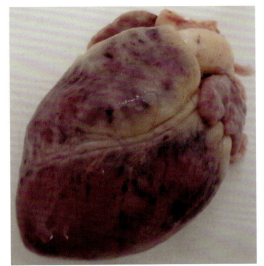
心外膜严重出血

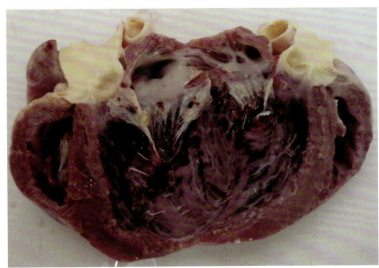
心内膜严重出血

脾脏肿大、瘀血、出血，呈蓝紫色

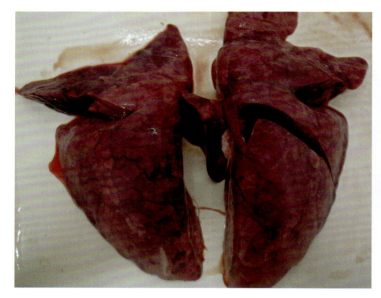

肺瘀血、出血，呈暗红色

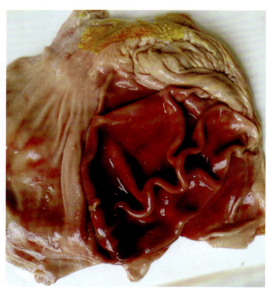

胃底黏膜严重出血，呈暗红色

诊断要点

（1）**临床症状**　高热、皮肤有火烙印状出血斑、跛行。

（2）**剖检变化**　急性败血症、慢性疣状心内膜炎、皮肤坏死、多发性非化脓性关节炎（慢性）。

预防措施

（1）**加强定期消毒和饲养管理**　保持栏舍清洁卫生和通风干燥，避免高温高湿。重视屠宰场、交通运输、农贸市场的检疫工作，对购入新猪隔离观察21天，对圈舍、用具定期消毒。发生疫情时隔离治疗、消毒。未发病猪注射青霉素，每天2次，连用3~4天，加强免疫。

（2）**预防免疫**　我国目前批准生产的有弱毒疫苗、灭活疫苗，如猪瘟-猪丹毒二联灭活疫苗、猪瘟-猪丹毒-猪肺疫三联灭活疫苗等。不同疫苗使用方法略有不同，具体请参考疫苗使用说明书。

治疗方法

发病后要早确诊、早隔离、早治疗。首选青霉素类（青霉素、氨苄西林、阿莫西林）药物经肌内注射治疗，或联合长效青霉素制剂共同治疗，会获得较好的疗效，同时还需加强饲养管理。另外，药敏试验结果显示本菌对β-内酰胺类（氨苄西林）、氯霉素类（氟苯尼考、氯霉素）、大环内酯类（红霉素、泰乐菌素）、硝基呋喃类药物敏感，因此临床治疗猪丹毒还可选用这4类药物。

①青霉素，每千克体重2万国际单位，肌内注射，每天2~3次；或氨苄西林，每千克体重20毫克，肌内注射，每天2次。注意连续用药，否则易复发或转为慢性型。

②红霉素，每千克体重1万国际单位，用5%葡萄糖溶液稀释后耳静脉注射，每天2次。

③10%磺胺噻唑钠（或磺胺嘧啶钠），每千克体重0.7~1毫升，肌内注射，每天1~2次，连用3~4天。

④中药疗法：金银花30克、连翘24克、丹皮15克、紫草30克、射干12克、山豆根20克、黄芪9克、麦冬15克、大黄20克、元明粉15克，水煎分2次喂服，每天1剂，连用2天。

猪病类症鉴别与诊治彩色图谱

第三章
寄生虫病

一、猪球虫病

简介

猪球虫病是由球虫寄生于猪肠道上皮细胞引起的寄生虫病。主要危害7~15日龄的哺乳仔猪群,以腹泻、脱水、体重下降和死亡为主要临床特征。

病原与流行特点

猪球虫病是由艾美耳球虫属和等孢球虫属球虫引起的。猪球虫的生活史与其他动物的球虫一样,在宿主体内进行无性世代(裂殖生殖)和有性世代(配子生殖)两个世代繁殖,在外界环境中进行孢子生殖。卵囊随粪便排出体外,在适宜的条件下发育为孢子化卵囊,进入体内后释放出子孢子,子孢子侵入肠道进行裂殖生殖及配子生殖,大、小配子在肠腔结合为合子,最后形成卵囊。孢子化卵囊经口感染,仔猪感染后是否发病,取决于摄入卵囊的数量和虫种。不论是规模化方式饲养,还是散养,猪球虫病都有发生。5~10日龄哺乳仔猪最易感,有时可能伴有传染性胃肠炎、大肠杆菌和轮状病毒感染。

临床症状

发病仔猪主要表现为食欲减退,渴欲增加,磨牙,有间歇性腹痛,腹泻(有十日泻之称),或腹泻和便秘交替发生;病情重时可呈进行性腹泻,多排出黄色或灰黄色稀粪,出现黏液性粪便。病猪逐渐消瘦、贫血,可视黏膜苍白。病情较轻时,粪便呈棕色或灰色、稀软,检查粪便可以发现卵囊。仔猪球虫病一般均取良性经过,可自行耐过而逐渐康复;但感染虫体的数量多,腹泻严重的仔猪,也可能以死亡而告终。成年猪感染时一般不出现明显的症状。

7~15日龄的哺乳仔猪出现腹泻，但精神尚可

灰黄色稀粪黏附于会阴部，并有强烈的酸奶味

病理变化

猪球虫病的特征性病变位于小肠，以卡他性肠炎或轻度出血性肠炎为特点。剖检时，肠黏膜上覆盖大量黏液，黏膜水肿、充血和白细胞浸润，结果使肠黏膜显著增厚。黏膜常发生点状出血，尤其是空肠后部及回肠黏膜的褶皱部。肠内含有混杂黏液和少量含血的稀粥样物。但在临床上有些病猪的粪便变化不明显，这可能是由于球虫在肠黏膜上皮细胞内发育，常引起受侵袭的细胞死亡，造成肠腺和表面的上皮细胞脱落，绒毛上皮则可发生代偿性增生。此外，肠黏膜上常被覆厚层黄色纤维素性假膜，此时，粪便内常常混有纤维素碎片。

黄色纤维素坏死性假膜松松地附着在充血的黏膜上

诊断要点

（1）临床症状　腹泻、脱水、体重下降和死亡。
（2）剖检变化　卡他性肠炎、轻度出血性肠炎、肠黏膜上常覆有厚层假膜。

预防措施

1）成年猪多为带虫者，应与仔猪分开饲养，运动场也应分开。
2）仔猪哺乳前，母猪乳房要洗拭干净，哺乳后母猪和仔猪要尽量及时分开。
3）猪圈舍要天天清扫，粪便和垫草等污物集中无害化处理。每周用沸水或3%~5%热氢氧化钠溶液对地面、猪栏、饲槽、饮水槽等进行1次消毒。最好用火焰喷灯进行消毒。
4）对于工厂化猪场应采取全进全出的生产模式，定期对猪舍消毒。
5）饲料和饮水要严禁猪粪污染。不可突然更换饲料种类，应逐步过渡。加强营养，使饲料多样化，增强机体抵抗力。同时还可进行药物预防。

治疗方法

宜选用磺胺类药物（如磺胺二甲嘧啶、磺胺间甲氧嘧啶、二甲氧苄啶和磺胺二甲嘧啶合剂等）拌入饲料进行口服饲喂；或选用氨丙啉、氯苯胍、托曲珠利（百球清）等药物混饲；除此之外，中药方剂对球虫病的治疗也有较好的治疗效果，如四黄散、球虫九味散等。
①磺胺类。磺胺二甲嘧啶、磺胺间甲氧嘧啶、磺胺间二甲氧嘧啶等，连用7~10天。
②抗硫胺素类。氨丙啉、复方氨丙啉、强效氨丙啉、特强氨丙啉、SQ-氨丙啉，每千克体重20毫克，口服。
③三嗪类。地克珠利（杀球灵）、托曲珠利（百球清），3~6周龄的仔猪口服，每千克体重20~30毫克。

④莫能霉素。每 1000 千克饲料加 60~100 克。
⑤拉沙霉素。每 1000 千克饲料加 150 毫克，连喂 4 周。

二、猪蛔虫病

简介

猪蛔虫病是由猪蛔虫寄生在猪的小肠中而引起的一种常见的寄生虫病，其流行和分布极为广泛。

病原与流行特点

猪蛔虫是寄生于猪小肠中最大的一种线虫。新鲜虫体为浅红色或浅黄色。虫体呈中间稍粗、两端较细的圆柱形。以 3~6 月龄的仔猪感染严重，成年猪多为带虫者，却是重要的传染源。猪感染主要是由于猪食或饮用被感染性虫卵污染的土壤、饲料或饮水等。母猪乳房沾染虫卵，仔猪在哺乳时也可感染。本病一年四季均可发生。猪蛔虫病的流行十分广泛，不论是规模化方式饲养的猪，还是散养的猪都有发生。这与猪蛔虫产卵量大、虫卵对外界抵抗力强及饲养管理条件有关。

临床症状

成年猪的抵抗力较强，一般无明显症状。对仔猪危害严重，当感染性虫卵被仔猪吞食后，在肠内孵出幼虫，幼虫钻入肠壁，经淋巴系统到肠系膜淋巴结，然后经血流到达肝脏，可引起肝脏的炎症；随后幼虫随血流到达肺而引起蛔虫性肺炎则表现体温升高，幼虫经过肺泡、细支气管、支气管、气管时表现咳嗽，再经喉头被吞咽入胃，到小肠进一步发育为成虫。在成虫寄生阶段的初期，可出现异嗜现象。一般随着病情的发展，逐渐出现食欲减退、皮毛粗乱、腹痛、贫血等症状，还可看到排出体外的虫体。当肠道寄生的虫体过多时，可引起肠管堵塞，表现为腹痛症状。有时虫体钻入胆管，病猪因胆道堵塞而表现腹痛及黄疸等症状，常引起死亡。

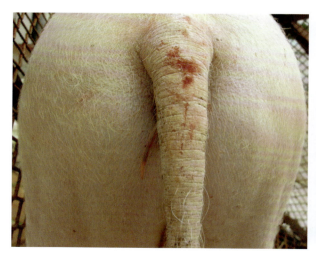

猪蛔虫排出体外

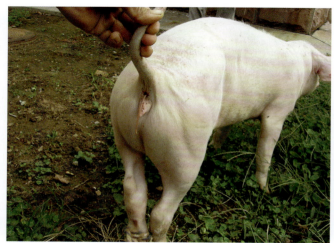

猪蛔虫的成虫正排于肛门处

病理变化

猪蛔虫的幼虫阶段和成虫阶段引起的症状和病变是各不相同的。

1）幼虫移行至肝脏时，引起肝组织出血、变性和坏死，形成云雾状的蛔虫斑，直径约为1厘米。移行至肺时，引起蛔虫性肺炎。

2）成虫寄生在小肠时机械性地刺激肠黏膜，引起腹痛。如果蛔虫数量较多，则常聚集成团，堵塞肠道，使肠黏膜出血，甚至导致肠破裂。有时蛔虫可进入胆管及胆囊，造成胆管堵塞，引起黄疸，还可引起胆囊炎等症状。

3）成虫能分泌毒素，作用于中枢神经和血管，引起一系列的神经症状。成虫夺取宿主大量的营养，使仔猪发育不良，生长受阻，被毛粗乱，常是造成僵猪的一个重要原因，严重者可导致死亡。

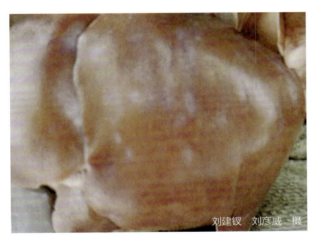
肝脏肿大，呈土黄色，可清晰地看到云雾状的蛔虫斑

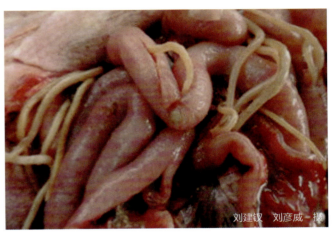
从阻塞的肠道内挑出的蛔虫，肠黏膜出血

诊断要点

（1）临床症状　体温升高，咳嗽、异嗜、皮毛粗乱、腹痛、贫血、发现虫体。
（2）剖检变化　肝脏有蛔虫斑、肠道出现虫体。

预防措施

（1）**定期驱虫** 对散养的生长育肥猪，仔猪断奶后驱虫1次，4~6周龄再驱虫1次；母猪在妊娠前和产仔前1~2周驱虫；生长育肥猪在3月龄和5月龄各驱虫1次；引进的种猪进场后应立即进行驱虫。对规模化的养猪场要对全场的猪进行定期驱虫。

（2）**减少虫卵对环境的污染** 圈舍要及时清理，勤冲洗，勤换垫草，粪便和垫草发酵处理；产房和猪舍在进猪前要进行彻底清洗和消毒；加强饲养管理，注意猪舍的清洁卫生，母猪转入产房前要用肥皂水清洗体表。

（3）**猪粪和垫草应堆积在固定地点** 堆积发酵的温度可杀灭虫卵。已有报道猪蛔虫幼虫可引起人的内脏幼虫移行症，因此，杀灭虫卵对公共卫生也具有重要意义。

治疗方法

宜选用伊维菌素或阿维菌素注射液皮下注射，多拉菌素肌内注射；阿苯达唑、左旋咪唑、甲苯咪唑等喂服。

①伊维菌素或阿维菌素，每千克体重0.3毫克，皮下注射或口服。
②多拉菌素，每千克体重0.3毫克，皮下或肌内注射。
③阿苯达唑，每千克体重10~20毫克，混在饲料中喂服。
④左旋咪唑，每千克体重10毫克，混在饲料中喂服。
⑤甲苯咪唑，每千克体重10~20毫克，混在饲料中喂服。
⑥氟苯达唑，每千克体重30毫克，混在饲料中喂服。
⑦噻嘧啶，每千克体重20~30毫克，混在饲料中喂服。

三、猪绦虫病

1. 棘球蚴病

简介

棘球蚴病是由细粒棘球绦虫的幼虫（棘球蚴），寄生于猪各脏器的一种人兽共患寄生虫病。

病原与流行特点

病原为细粒棘球绦虫的幼虫（棘球蚴）。成虫寄生在犬、狼等肉食动物的小肠，孕卵节片脱落或虫卵随粪便排出体外，被中间宿主吞食后，卵内六钩蚴在消化道逸出，钻入肠管血管内，顺血流到达肝脏和肺脏，随后发育为成熟的棘球蚴。终末宿主吞食含棘球蚴的脏器后，棘球蚴在小肠经2.5~3个月发育为成虫。棘球蚴的传播与犬类密切相关。动物与人主要通过与犬的接触，误食棘球绦虫卵而感染。

细粒棘球蚴绦虫成虫 （史秋梅 摄）

临床症状

棘球蚴对动物的致病机理是机械性压迫、毒素作用和过敏反应。棘球蚴多寄生在肝脏，其次为肺。寄生在肝脏时，最后多呈营养衰竭和极度虚弱。代谢物被吸收后，使周围的组织发生炎症和过敏反应，严重者死亡。寄生在肺时，发生呼吸困难、咳嗽、气喘、肺浊音区逐渐扩大等症状。

病理变化

肝脏、肺表面凹凸不平，可在该处发现棘球蚴；另外也可以在脾脏、肾脏、肌肉、皮下、脑等处发现呈半透明囊泡状的棘球蚴。

寄生在肝脏的棘球蚴，呈半透明囊泡状

诊断要点

（1）临床症状　营养衰竭、虚弱，甚至表现呼吸困难、咳嗽、气喘、肺浊音区。

（2）剖检变化　肝脏、肺表面凹凸不平，可在该处发现棘球蚴的半透明状囊泡。

预防措施

1）禁止用感染棘球蚴的动物肝、肺等器官喂犬，消灭养殖场周边的野犬、野狼。

2）定期对犬驱虫，并对其粪便做无害化处理。

3）人与犬等动物接触时，应注意个人卫生防护，严防感染。

治疗方法

由于犬是本病的终末宿主，养殖场应禁养、拴养或消灭犬，并防止野犬、狼、狐等犬科动物进入。严格管理家犬，对犬要定期驱除绦虫。驱虫可选用下列药物。

①吡喹酮，猪的用量为每千克体重 25~40 毫克，一次口服，连用 2 天。
②左旋咪唑，每千克体重 7.5~10 毫克，喂服。

2. 细颈囊尾蚴病

简介

细颈囊尾蚴病是由寄生于犬科动物小肠内的泡状带绦虫的幼虫（细颈囊尾蚴）引起的一种绦虫蚴虫。成虫寄生在犬的小肠，幼虫寄生在猪的肠系膜、网膜和肝脏。

病原与流行特点

病原为泡状带绦虫的幼虫（细颈囊尾蚴）。成虫寄生在终末宿主犬、狼等肉食动物的小肠内，含有虫卵的泡状带绦虫孕片随粪便排出体外，随后节片破裂，散出虫卵。当猪吃入虫卵后，虫卵进入消化道，放出六钩蚴钻入肠道，进入血管，随血液转移到肝脏和腹腔，发育为细颈囊尾蚴。本病分布广泛，凡是养犬的地方，一般都有本病发生。

临床症状

主要发生于仔猪。细颈囊尾蚴病多为慢性发展，少量寄生时一般不表现显著症状。大量寄生时可引起猪消瘦衰弱，腹部膨大，黄疸，腹部压诊有痛感。严重感染时，发生腹膜炎。

病理变化

剖检特征为肝脏肿大、出血，腹膜炎，腹腔内有红色透明液体。在肠系膜、大网膜和肝脏表面上有鸡蛋大小的水铃铛样的透明囊泡，内充满透明囊液，有小白点，即为头节。细颈囊尾蚴移行时肝脏出血，在肝脏实质中有虫道。

大网膜上的细颈囊尾蚴

肝脏上的细颈囊尾蚴

诊断要点

（1）临床症状　消瘦衰弱，腹部膨大，黄疸，腹部压诊有痛感。

（2）剖检变化　肝脏肿大、出血，腹膜炎，甚至腹腔内有红色透明液体，并在肠系膜、网膜或肝脏上看到水铃铛样的透明囊泡。

预防措施

具体参见棘球蚴病。

治疗方法

目前尚无有效的治疗方法,可试用吡喹酮、阿苯达唑或甲苯咪唑治疗。预防方法主要是防止犬感染泡状带绦虫,在剖杀猪时,不要用带有细颈囊尾蚴的脏器喂犬;消灭野犬,拴养家犬并定期驱虫。

①阿苯达唑,每千克体重 50 毫克,口服,每天 1 次,连用 2 天。

②中药疗法:槟榔,每头猪 6~12 克,研细或煎水取汁,1 次灌服;小贯众 50 克,粉碎成细面后加水冲服,每天 1 次,连服 3~4 天。

3. 猪囊虫病

简介

囊虫病是由寄生在人体内的猪带绦虫的幼虫(猪囊尾蚴)引起的一种人兽共患寄生虫病。

病原与流行特点

病原为猪带绦虫的幼虫(猪囊尾蚴)。猪的感染与不合理的饲养方式和不良的卫生习惯有关。猪因吃到病人的粪便而感染,给本病的传播创造了条件。人的感染与个别地方居民的不良饮食习惯有关,若生、熟面板不分,或加工猪产品时熟度不够,未将猪囊尾蚴杀死而感染猪囊尾蚴。感染无明显的季节性,但在虫卵适合生存、发育的温暖季节呈上升趋势。多为散发性,有些为地方流行性。自然条件下,猪是易感动物,囊尾蚴可在猪体内存活 3~5 年。

临床症状

一般无明显的症状,但是极度感染可引起贫血、肌肉水肿。由于病猪不同部位的肌肉水肿,表现两肩显著外展，臀部异常肥胖宽阔，头部呈大胖脸形，前后躯体、四肢异常肥大，体中部窄细，病猪呈哑铃状和葫芦形，前面看呈狮子头形。病猪走路时四肢僵硬，后肢不灵活，左右摇摆，呈醉酒状。严重感染时可出现相应的症状，如呼吸困难，声音嘶哑。

病理变化

严重感染的猪，肉苍白而湿润，全身各处肌肉中均可发现囊尾蚴，脑、眼、肝脏、肺甚至淋巴结和脂肪内也可发现囊尾蚴。发病初期囊尾蚴外部有细胞浸润现象，继而发生纤维素性病变。

放大的猪囊尾蚴，与囊膜相连的黄白色豆状物为头节

潘耀谦　等摄

心肌内的猪囊尾蚴，俗称米猪肉

徐有生　摄

诊断要点

（1）临床症状　肌肉水肿、四肢僵硬、呼吸困难、声音嘶哑。

（2）剖检变化　肌肉中均可发现囊尾蚴，脑、眼、肝脏、肺，甚至淋巴结和脂肪内也可发现囊尾蚴。

预防措施

改善环境卫生，注意饲料和饮水卫生。抓好查、驱、检、管、改5个环节，可使本病得到良好地控制。

1）加强肉品检验，大力推广定点屠宰、集中检验。检出阳性猪应严格按照国家规定进行无害化处理，严禁流入消费者手中。

2）查治病人。人是猪囊尾蚴感染的唯一来源，驱虫治疗是切断感染来源的重要措施。

3）加强人粪管理和改善猪的饲养方法。

4）注意个人卫生，不吃半生不熟的猪肉，一定严格做到生、熟面板分开使用。

5）加强宣传教育，提高人们对猪囊尾蚴危害性和感染途径的认识。

治疗方法

①吡喹酮，每千克体重30~60毫克，每天1次，连用3天。

②阿苯达唑，每千克体重30毫克，每天1次，连用3天，早晨空腹给药。

四、猪毛首线虫病

简介

猪毛首线虫病又称为鞭虫病，是由猪毛首线虫病寄生于猪大肠中引起的一种寄生虫病。主要特征为严重感染时引起贫血、顽固性腹泻。

病原与流行特点

病原为猪毛首线虫，其特征为前部细长、后部粗短，呈鞭子状。成虫寄生于猪的大肠。虫卵随猪的粪便排出体外，在适宜的温度和湿度条件下，发育为含有第1期幼虫的感染性虫卵，猪吃入后，第1期幼虫在小肠内释出，钻入肠绒毛间发育，然后移行至盲肠和结肠并钻入肠腺，在此进行4次蜕皮，逐渐发育为成虫。猪是猪毛首线虫的自然宿主，一般2~6月龄易感，4~6月龄感染率最高，以后逐渐下降。一年四季均可发生，但是夏季感染率高。

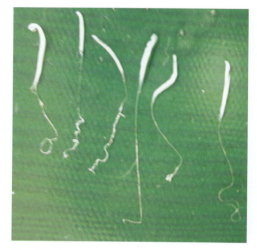

猪毛首线虫，前部细长、后部粗短，呈鞭子状

临床症状

临床上可见到贫血、腹泻或出血性腹泻。严重时病猪消瘦，皮肤失去弹性，结膜苍白，腹泻，有时排出水样血便并混有黏液，生长停滞，步态不稳，最后因恶病质而死，仔猪症状严重。

病理变化

虫体以纤细的前部刺入黏膜内，引起盲肠、结肠的慢性卡他性炎症。剖检发现盲肠和结肠黏膜有出血性坏死、水肿和溃疡，还有和食道口线虫病相似的结节，结节内有部分虫体和虫卵，严重者可在盲肠及结肠内看到大量毛首线虫。

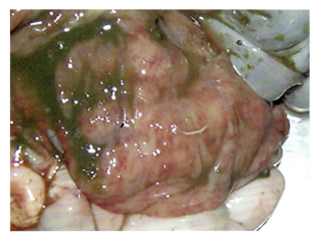
盲肠内的毛首线虫，盲肠黏膜出血

盲肠内的毛首线虫

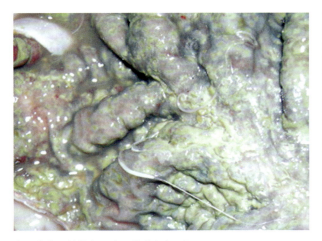
盲肠内的毛首线虫，盲肠黏膜出血、坏死

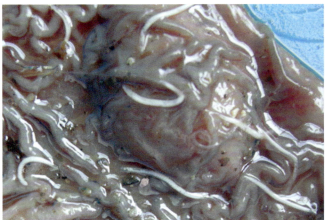
盲肠内可见大量毛首线虫

盲肠内寄生大量毛首线虫，黏液量明显增多

毛首线虫钻入肠黏膜，肠黏膜严重充血、出血

诊断要点

（1）**临床症状**　贫血、腹泻或出血性腹泻。

（2）**剖检变化**　在盲肠和结肠内可看到数量不等的毛首线虫，黏膜有出血性坏死、水肿或溃疡，有与食道口线虫病相似的结节，结节内有部分虫体和虫卵。

预防措施

（1）**定期驱虫**　仔猪断奶后驱虫1次，4~6周龄再驱虫1次；母猪在妊娠前和产仔前1~2周驱虫；生长至育肥猪在3月龄和5月龄各驱虫1次；引进的种猪进行驱虫。对规模化的养猪场要对全场猪进行定期驱虫。

（2）**减少虫卵对环境的污染**　圈舍要及时清理，勤冲洗，勤换垫草，粪便和垫草发酵处理；产房和猪舍在进猪前要进行彻底清洗和消毒；加强饲养管理，注意猪舍的清洁卫生，母猪转入产房前要用肥皂水清洗体表。

治疗方法

①双羟萘酸噻嘧啶，为驱除毛首线虫的首选药，按每千克体重 2~4 毫克，一次喂服。

②阿苯达唑，每千克体重 10 毫克，一次口服；或每千克体重 20 毫克，口服，36 小时后即可排虫。

③芬苯达唑，每千克体重 10 毫克，连用 3 天。

④伊维菌素，每千克体重 0.3 毫克，皮下注射；或每千克体重 0.1 毫克，口服，连用 7 天。

⑤敌百虫，每千克体重 100 毫克，拌料喂服或灌服。隔 3 天后，对病重的给予口服补液盐和呋喃唑酮（痢特灵）每千克体重 10 毫克，每天 1 次，连用 2 天。

⑥噻咪唑（驱虫净），25 毫克/千克体重，口服；或配成 3%~10% 溶液，每千克体重 15~20 毫克，肌内注射。

⑦左旋咪唑，每千克体重 7.5 毫克，口服或肌内注射。

⑧泰乐菌素 150 克、强力霉素 200 克、复合多维 300 克、金伊伟（伊维菌素-芬苯达唑预混剂）500 克，混入 1000 千克饲料中，全群连续饲喂 7 天。

五、猪弓形虫病

简介

猪弓形虫病是由刚地弓形虫引起的一种原虫病。其终末宿主是猫，中间宿主包括许多种动物。人也可感染弓形虫病，这是一种严重的人兽共患病。

病原与流行特点

病原为刚地弓形虫。感染源主要是病人、病畜和带虫动物，其血液、肉、内脏等都可能含有弓形虫。已从乳汁、唾液、痰、尿和鼻等分泌物中分离出弓形虫。弓形虫被终末宿主猫食入并从其体内排出卵囊，污染饲料、饮水或食具，成为人、畜感染的重要来源。人、畜、禽和多种野生动物对弓形虫均具有易感性。本病可经消化道、呼吸道、皮肤等多种途径感染，但以经口感染为主。动物之间相互捕食并吃进未经熟化的肉类，为本病感染的主要途径。

临床症状

病猪突然食欲废绝，体温升高至41℃以上，稽留7~10天。呼吸急促，呈腹式或犬坐式呼吸；流清鼻液；眼内出现浆液性或脓性分泌物。常出现便秘，粪便呈粒状，外附黏液，有的病猪在发病后期腹泻，尿呈橘黄色。少数发生呕吐。病猪精神沉郁，显著衰弱。发病后数天出现神经症状，后肢麻痹。随着病情的发展，在耳、鼻端、下肢、股内侧、下腹等处出现紫红斑或间有小点出血。有的病猪在耳郭上形成痂皮，耳尖发生干性坏死。最后因呼吸极度困难和体温急剧下降而死亡。妊娠母猪常发生流产或死胎。有的发生视网膜脉络炎，甚至失明。有的病猪耐过急性期转为慢性，外观症状消失，仅食欲和精神稍差，最后变为僵猪。

病猪精神沉郁，消瘦衰弱，身体末梢发紫

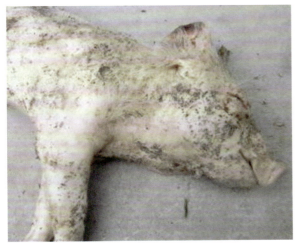

尸体明显消瘦，无血色

流产胎儿

病理变化

猪弓形虫主要侵害肺、淋巴结和肝脏，其次是脾脏、肾脏、肠。肺瘀血、出血，呈大叶性肺炎，呈暗红色，严重水肿时可导致肺组织萎缩，坏死，肺间质水肿、增宽，因大量浆液性渗出而膨胀成"无气肺"，切面流出大量带泡沫的浆液，胸腔积液。气管及支气管内均有大量泡沫性液体或痰液。全身淋巴结（如腹股沟淋巴结、肺门淋巴结）有大小不等的出血点和灰白色的坏死点，尤以肠系膜淋巴结最为显著。肝脏肿大、出血、瘀血，并有散在针尖至黄豆大的灰白或灰黄色的坏死灶。肾脏的表面和切面有针尖大出血点和坏死点。胆囊壁增厚，其黏膜出血。脾脏在发病早期显著肿胀，瘀血，有少量出血点，呈紫黑色，后期萎缩。胃黏膜潮红、出血。肠黏膜肥厚、糜烂，从空肠至结肠有出血斑点。心包、胸腔和腹腔有积液，心包邻近组织水肿，心外膜附有浅黄色胶冻状物。

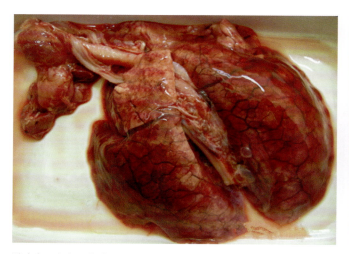

肺瘀血、出血、水肿，呈暗红色

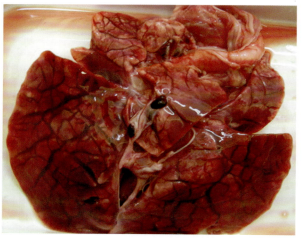

肺瘀血、出血、水肿，肺间质因水肿而明显增宽

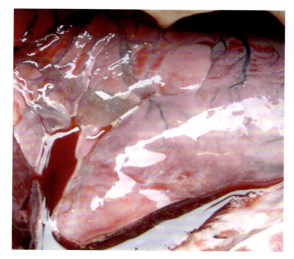

胸腔积液，肺水肿

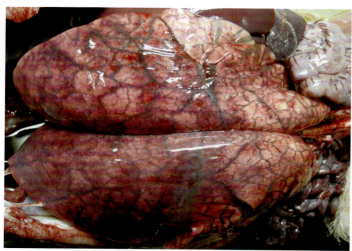

肺膨胀、出血，呈暗红色，明显水肿，肺间质增宽

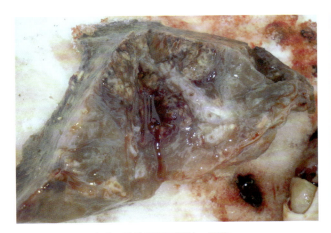
左肺心叶因严重水肿压迫肺组织而萎缩、坏死

肺门淋巴结肿大、严重出血,气管及支气管内有大量泡沫状液体

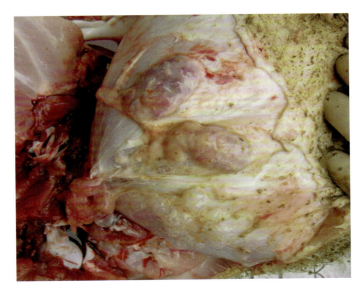
腹股沟淋巴结肿大、轻度出血

心包积有黄色液体

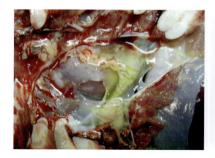

心包邻近组织水肿

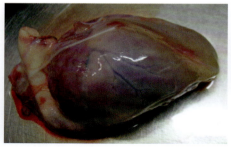

心外膜附有一层浅黄色胶冻状物

肝脏肿大、瘀血、出血,并有大量坏死点

脾脏肿大、瘀血、出血,呈紫黑色

脾脏肿大、瘀血、出血

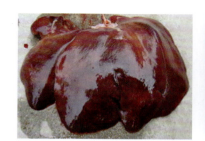

肝脏肿大、瘀血、出血

肝脏、肾脏出现大量坏死点

胆囊壁增厚,黏膜呈树枝状充血

诊断要点

（1）**临床症状**　稽留热，鼻镜干燥，先便秘后腹泻，躯体、耳尖、腹部等部位大面积发绀，行动不稳，呼吸困难。

（2）**剖检变化**　大叶性肺炎及肺间质增宽、水肿，淋巴结出血及坏死。

预防措施

弓形虫病是由于摄入猫粪便中的卵囊而遭受感染的，因此，猪舍内应严禁养猫，并防止猫进入圈舍；严防饮水及饲料被猫粪直接或间接污染。控制或消灭鼠类。大部分消毒药对卵囊无效，但可用蒸汽或加热、火烧等方法杀灭卵囊。血清学检查为阴性的猪才能作为种猪。英国有人用色素试验进行调查，其结果表明与动物接触的人群的弓形虫血清阳性率很高，因此，挂断动物在弓形虫病的流行上起着重要的作用，动物可能是弓形虫的贮藏宿主。

治疗方法

猪弓形虫病的治疗常以化学药物为主，宜选用磺胺类药物与抗菌增效剂（如磺胺嘧啶与甲氧苄啶合剂、磺胺间甲氧嘧啶与甲氧苄啶合剂、磺胺甲氧嗪与甲氧苄啶合剂等）合用口服。也可在饲料中添加氯苯胍，有效抑制猪感染弓形虫的滋养体。

①复方磺胺嘧啶，每千克体重75毫克，口服，疗效显著。

②磺胺嘧啶每千克体重7毫克，甲氧苄啶每千克体重14毫克，每天2次，连用3~5天。

③磺胺间甲氧嘧啶，每千克体重60~100毫克，单独口服，或配合甲氧苄啶每千克体重14毫克，口服，每天1次，连用4天。

④氨苯砜每千克体重15毫克，磺胺甲噁唑每千克体重100毫克，每天1次，连服2~3天。

⑤增效磺胺对甲氧嘧啶（内含10%磺胺对甲氧嘧啶和2%甲氧苄啶），每千克体重2毫升，肌内

注射，每天 1 次，连续注射 3~5 天。

⑥中药治疗用"灭弓汤"，25 千克体重的用量配方：槟榔 7 克、常山 10 克、桔梗 6 克、柴胡 6 克、麻黄 5 克，水煎候温内服，每天 2 次，连用 3~4 天。

禁止喂生碎肉。禁止猫接近猪舍，饲养人员也应避免与猫接触。

六、猪食道口线虫病

简介

猪食道口线虫病又称为猪结节虫病，因其可在猪大肠内壁形成结节而得名，是目前我国规模化猪场流行的主要线虫病之一。本病感染普遍，幼虫对大肠壁有机械性刺激和毒素作用，可于肠壁上形成粟粒状的结节。结节破裂后形成溃疡，引起顽固性肠炎；结节感染细菌时，可继发弥漫性大肠炎。成虫的寄生会影响猪增重和饲料转化率。

病原与流行特点

病原有两种：一是有齿食道口线虫，其虫体呈乳白色，口囊浅，头泡膨大；雄虫长 8~9 毫米，交合刺长 1.15~1.3 毫米；雌虫长 8~11 毫米；尾长 0.35 毫米，寄生于结肠。二是长尾食道口线虫，其虫体呈暗灰色，口缘膨大，口囊壁的下部向外倾斜；雄虫长 6.5~8.5 毫米，交合刺长 0.9~0.95 毫米；雌虫长 8.2~9.4 毫米；尾长 0.4~0.46 毫米，寄生于盲肠和结肠。

成虫在大肠中产卵，卵随粪便排出体外，经 24~48 小时孵出幼虫，再经 3~6 天发育为感染性幼虫。猪在吃食或饮水时吞进感染性幼虫，幼虫即在大肠黏膜下形成结节并蜕皮，经 5~6 天，第 4 期幼虫返回肠腔，再蜕一次皮即发育为成虫。

临床症状与病理变化

一般无明显症状。严重感染时，肠壁结节破溃后，发生顽固性肠炎，粪便中带有脱落的黏膜，表现腹痛、腹泻、贫血、高度消瘦、发育障碍。继发细菌感染时，则发生化脓性结节性大肠炎。

幼虫在大肠结肠、盲肠形成白色的结节为主要病变，在第3期幼虫钻入时部分出现瘢痕，肠黏膜发生局灶性增厚，内含大量淋巴细胞、巨噬细胞和嗜酸性粒细胞。可在黏膜肌层发现成囊的幼虫。由于弥漫性淋巴结栓塞导致盲肠和结肠肠壁水肿，也可形成局灶性纤维素性坏死薄膜。感染细菌时，可继发弥漫性大肠炎。

诊断要点

（1）临床症状　腹痛、腹泻，贫血，高度消瘦，发育障碍。

（2）剖检变化　幼虫在大肠上形成结节。

预防措施

本病的预防措施为注意搞好猪舍和运动场的

结肠肠壁上出现白色小结节

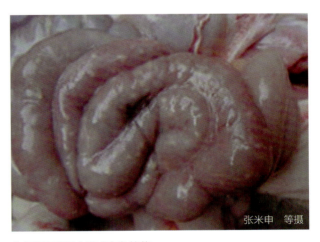

在结肠和盲肠上形成白色结节

清洁卫生，保持干燥，及时清理粪便，保持饲料和饮水的清洁，避免污染。

治疗方法

①伊维菌素，每千克体重 0.3 毫克，皮下注射。
②甲苯咪唑，每千克体重 10~20 毫克，拌料喂服。
③阿苯达唑，每千克体重 10 毫克，口服。
④左旋咪唑，每千克体重 8~10 毫克，一次口服。
⑤芬苯咪唑，每千克体重 5~10 毫克，一次口服。
⑥ 1% 阿维菌素，每 30 千克体重 1 毫克，颈部皮下注射。

七、猪后圆线虫病

简介

猪后圆线虫病又称为猪肺丝虫病或寄生性支气管肺炎，主要是由长刺后圆线虫寄生于支气管而引起的；分布于全国各地，多见于华东、华南和东北各地，呈地方流行性。主要危害仔猪和肥育猪，引起支气管炎和支气管肺炎，严重时可引起大批猪死亡。

病原与流行特点

病原主要为后圆科属的长刺后圆线虫，其次为短阴后圆线虫和萨氏后圆线虫。长刺后圆线虫的虫体呈细丝状（又称肺丝虫），乳白色或灰白色，口囊很小，口缘也很小，口缘有一对三叶侧唇。雄虫长 12~26 毫米，2 根呈丝状的交合刺，长 3~5 毫米，末端有小钩；雌虫长 20~51 毫米，阴道长 2 毫米以上，尾端稍弯向腹面，阴门前角皮膨大，呈半球形。后圆线虫需要蚯蚓作为中间宿主。雌虫在支气管内产卵，卵随痰转移至口腔咽下（咳出的极少），随着粪便到外界。

本病主要感染仔猪和育肥猪，6~12 月龄的猪最易感。病猪和带虫猪是本病的主要传染源，而被后圆线虫卵污染并有蚯蚓的牧场、运动场、饲料种植场及有感染性幼虫的水源等，均能成为猪感染的重要场所。本病主要是经消化道传播，是猪吞噬了含有感染性幼虫的蚯蚓而引起的。

本病的发生与蚯蚓的滋生和猪采食蚯蚓的机会有密切的关系；主要发生在夏季和秋季，冬季很少发生。

临床症状

轻度感染的猪症状不明显，但影响生长和发育。瘦弱的猪（2~4 月龄）感染虫体较多，而又有气喘病、病毒性肺炎等疾病合并感染时，则病情严重，具有较高死亡率。病猪主要表现为食欲减退、消瘦，贫血，发育不良，被毛干燥无光；阵发性咳嗽，特别是早晚运动后或遇冷空气刺激时咳嗽尤为剧烈，鼻孔流出脓性黏稠分泌物，严重病例呈呼吸困难；有的病猪发生呕吐和腹泻；在胸下、四肢和眼睑部出现水肿。

病理变化

本病的主要病变是寄生虫性支气管肺炎。由于后圆线虫的幼虫穿过肺泡壁毛细血管，可见肺呈现斑点状出血。随着幼虫成长，迁移到细支气管和支气管内栖息，以黏液和细胞屑为食，但可刺激黏膜分泌增多。切开支气管，见管腔黏膜充血、肿胀，含有大量黏液和虫体，这些黏液和虫体会造成局部管腔阻塞，相关的肺泡萎陷、实变，并伴发气管、支气管及肺出血和气肿。

本病特征性的病理组织变化是在扩张的支气管和肺泡中可检出大量后圆线虫的端面，后圆线虫的周围常见大量淋巴细胞和嗜酸性粒细胞浸润，并见结缔组织增生。肺膈区可见坚实的灰色小结。

病猪食欲减退、贫血、咳嗽

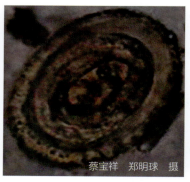
虫卵呈椭圆形，外膜厚且粗糙，内含一蜷曲幼虫（40×40）

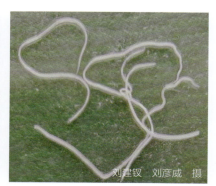
后圆线虫

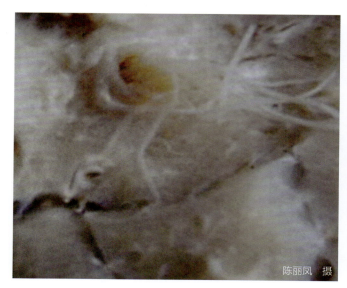
支气管内的后圆线虫

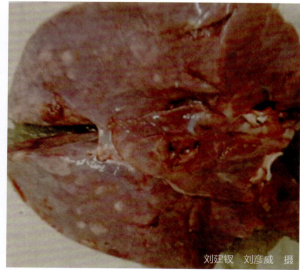
肺膈区有坚实的灰色小结

诊断要点

（1）**临床症状** 食欲减退，消瘦，贫血，发育不良，被毛干燥无光。
（2）**剖检变化** 扩张的支气管和肺泡中可检出大量后圆线虫。

预防措施

主要是防止蚯蚓进入猪场，尤其是运动场，同时还要做好定期消毒等工作。
（1）**常规预防** 蚯蚓主要生活在疏松多腐殖质的土壤中。将猪场建在高燥干爽处；猪舍、运动场应铺水泥地面；墙边、墙角疏松泥土要砸紧夯实，防止蚯蚓进入，或挨上沙土，构成不适于蚯蚓滋生的环境等。
（2）**紧急预防** 发生本病时，应及时隔离病猪，在治疗病猪的同时，对猪群中的所有猪进行药物预防，并对环境彻底消毒。

治疗方法

用于本病的治疗药物均有程度不同的毒副作用，一般情况下，随着药量的增多而毒副作用增大。因此，在用药时一定要注意用量。

①噻咪唑，每千克体重20~25毫克，口服或拌入少量饲料中喂服；或照每千克体重10~15毫克，肌内注射。本药对各期幼虫均有很好的疗效（几乎100%），但有些猪于服药后10~30分钟出现咳嗽、呕吐和兴奋不安等中毒反应；感染严重时中毒反应一般较大，通常多于1~1.5小时后自动消失。

②左旋咪唑，本药对15日龄幼虫和成虫均有100%疗效，每千克体重8毫克，置于饮水或饲料中服用；或每千克体重15毫克，一次肌内注射。

八、猪疥螨病

简介

猪疥螨病俗称生癞、疥癣，是一种接触传染的寄生虫病。本病是由疥螨寄生在皮肤内而引起的猪最常见的外寄生虫性皮肤病，对猪的危害极大。由于病猪体表摩擦，皮肤肥厚、粗糙且脱毛，在面、耳、肩、腹等处形成外伤、出血、血液凝固并成痂皮。本病为慢性传染病。

病原与流行特点

疥螨（穿孔疥虫）寄生在猪皮肤深层由虫体挖凿的隧道内。虫体很小，肉眼不易看见，长 0.2~0.5 毫米，呈浅黄色龟状，背面隆起，腹面扁平，腹面有 4 对短粗的圆锥形肢；虫体前端有一钝圆形口器。疥螨的全部发育过程都在宿主体内度过，包括卵、幼虫、若虫、成虫 4 个阶段，离开宿主体后，一般仅能存活 3 周左右。

各种年龄、品种的猪均可感染本病。主要是由于病猪与健康猪的直接接触，或通过被疥螨及其卵污染的圈舍、垫草和饲养管理用具间接接触等而引起感染。幼猪有挤压成堆躺卧的习惯，这是造成本病迅速传播的重要原因。此外，猪舍阴暗、潮湿、环境不卫生及营养不良等均可促进本病的发生和发展。秋冬季节，特别是阴雨天气，本病蔓延最快。

本病主要为直接接触传染，如患病母猪传染哺乳仔猪；病猪传染同圈健康猪；受污染的栏圈传染新转入的猪。猪舍阴暗潮湿，通风不良，卫生条件差，咬架殴斗及碰撞摩擦引起的皮肤损伤等都是诱发和传播本病的适宜条件。也有少数间接接触传染，如饲养人员的衣服、手及家犬等均可携带疥螨而间接传染给猪。

临床症状与病理变化

仔猪多发。病初从眼周、颊部和耳根开始,以后蔓延到背部、体侧和股内侧。主要临床表现为剧烈瘙痒,不安,消瘦,病猪到处摩擦或以肢蹄搔擦患部,甚至将患部擦破出血,以致患部脱毛、结痂,皮肤肥厚,形成皱褶和龟裂,发育不良。也可与金色葡萄球菌混合感染,形成湿疹性渗出性皮炎。患部逐渐向周围扩展和具有高度传染性为本病特征。

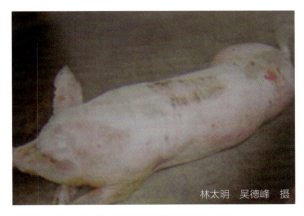

母猪头、颈、背感染疥螨后引起皮肤瘙痒、出血

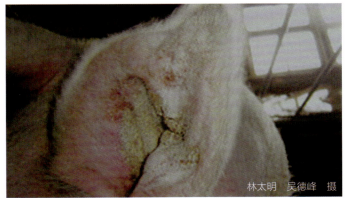

病猪耳内严重结痂

诊断要点

(1)临床症状 剧烈瘙痒,不安,消瘦,病猪到处摩擦或以肢蹄搔擦患部。
(2)剖检变化 脱毛、结痂、皮肤皱褶或龟裂。

预防措施

1）每年在春夏、秋冬交替过程中，对猪场全场进行至少2次的体内、体外彻底驱虫工作，每次驱虫时间必须连续5~7天。

2）加强防控与净化相结合，重视杀灭环境中的疥螨。因为疥螨病是一种具有高度接触传染性的外寄生虫病，患病公猪通过交配传给母猪，患病母猪又将其传给哺乳仔猪，转群后断奶仔猪之间又互相接触传染。如此，形成恶性循环，永无休止。所以需要加强防控与净化相结合，对全场猪群同时杀虫。但在驱虫过程中，往往忽视一个非常重要的环节，那就是环境驱虫及猪使用驱虫药后7~10天对环境的杀虫与净化，只有对环境也进行杀虫与净化，才能达到彻底杀灭疥螨的效果。

治疗方法

1）药浴或喷洒疗法。20%杀灭菊酯（速灭杀丁）乳油，300倍稀释，或2%敌百虫稀释液或双甲脒稀释液，全身药浴或喷雾治疗。务必全身都喷到，连续喷7~10天。并用该药液喷洒圈舍地面、猪栏及附近地面、墙壁，以消灭散落的虫体。药浴或喷雾治疗后，再在猪耳廓内侧涂擦自配软膏（杀灭菊酯与凡士林按1∶100比例配制）。因为药物无杀灭虫卵的作用，根据疥螨的生活史，在第1次用药后7~10天，用相同的方法进行第2次治疗，以消灭孵化出的疥螨；使用伊维菌素、双甲脒也可以。

2）饲料中添加0.2%伊维菌素预混剂或0.2%伊维菌素预混剂+5%芬苯达唑预混剂合剂。具体添加说明如下。

① 0.2%伊维菌素预混剂，每吨饲料添加本品：肥育猪1~1.5千克、种公猪和妊娠母猪4~5千克、妊娠后期90天至哺乳结束的母猪3千克，彻底混合均匀后，连用7天。

② 0.2%伊维菌素预混剂+5%芬苯达唑预混剂合剂，每吨饲料添加该品：肥育猪1千克连用7天，或0.5千克连用14天；种公猪和妊娠母猪4~5千克、妊娠后期90天至哺乳结束的母猪3千克，彻底混合均匀后，连用7天。

3）皮下注射杀螨制剂。可以选用 1% 伊维菌素注射液或 1% 多拉菌素注射液，每 10 千克体重 0.3 毫升，皮下注射。皮下注射杀螨剂的注意事项有。

①妊娠母猪配种后 30~90 天、分娩前 20~25 天皮下注射 1 次，种公猪必须每年至少注射 2 次，或全场 1 年 2 次全面注射（种公猪和种母猪春、秋季各 1 次）。

②后备母猪转入种猪舍或配种前 10~15 天注射 1 次。

③仔猪断奶后进入肥育舍前注射 1 次。

④生长肥育猪转栏前注射 1 次。

⑤外购的商品猪或种猪，到场当天注射 1 次。注射用药见效快、效果好，但操作有一定难度，有注射应激。

4）对疥螨病和金色葡萄球菌综合感染猪治疗。按照上边前两个方法同时治疗外，还要配合用青霉素类的药物粉剂，与 2% 敌百虫水剂混合均匀后，进行全身体表患处的涂抹，每天涂抹 1~2 次，连用 5~7 天。

猪病类症鉴别与诊治彩色图谱

第四章
普通病

一、仔猪白肌病

简介

仔猪白肌病是指仔猪以骨骼肌和心肌发生变性、坏死为主要特征的营养代谢病。

病因

发病原因是饲料中缺乏微量元素硒和维生素 E。多发于 1 周龄至 2 月龄的营养良好、体质健壮的仔猪。以 20 日龄至 3 月龄的仔猪、幼猪发病为多见，多在 3~4 月发病，常呈地方流行性。

临床症状

发病初期表现精神不振，猪体迅速衰退，往往表现起立困难，病势再发展，则四肢麻痹，呼吸不匀，心跳加快，体温无异常变化。病程为 3~8 天，最后倒毙。也有的病例不出现任何症状即迅速死亡。病猪主要表现食欲减退，精神沉郁、呼吸困难。病程较长的，表现后肢强硬、拱背、站立困难，常呈前腿跪立或犬坐姿势。严重者坐地不起，后躯站立不稳、麻痹，表现神经症状，如转圈运动，头向一侧歪等，呼吸困难，心脏衰弱，最后死亡。患病仔猪精神不振，怕冷，喜卧，

病猪后躯站立不稳，行走摇摆

走路打晃，四肢强硬，站立困难，心跳和呼吸快而弱，有的前腿跪地，有的呈犬坐势，卧地不起，呼吸困难，心脏衰弱，最后死亡。共同症状有运动机能障碍（喜卧、起立困难、跛行、四肢麻痹），心力衰竭（心跳加快、呼吸不匀），消化机能紊乱、腹泻、贫血、黄染、生长缓慢等全身症状，严重的有渗出性物质（由于毛细血管细胞变性、坏死、通透性增强，造成胸、腹腔和皮下等处水肿）。

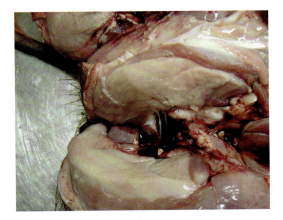

半腱肌和半膜肌苍白、变性

病理变化

腰、背、臀等肌肉变性，色浅，呈煮肉样，因此称为白肌病。剖检可见骨骼肌上有连片的或局灶性大小不同的坏死，肌肉松弛，颜色呈灰红色，如煮熟的鸡肉。此种灰红色的熟肉样变化时常是对称性的，常出现于四肢、背部、臀部等部位的肌肉，此类病变也见于膈肌。

心包腔出现数量不等的积液，心内膜上有浅灰色或浅白色斑点，心肌纤维明显变性、坏死、心脏容量增大、心肌松软，有时右心室肌肉萎缩，外观呈桑葚状。心外膜和心内膜有斑点状出血，心肌横断面色浅，变性，像开水烫过。肝脏充血、瘀血、肿大，质脆易碎，边缘钝圆，呈浅褐色、浅灰黄色或黏土色，呈红白相间的槟榔肝样；常见有脂肪变性，横切面肝小叶平滑，外周苍白，中央褐红；常见有针头大的点状坏死灶和实质弥漫性出血。腹下常水肿。

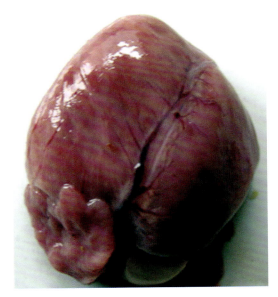

心肌纤维色浅、变性

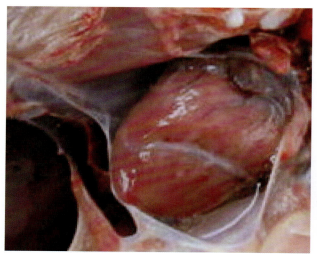

右心室肌肉萎缩,外观呈桑葚状,心包内积有少量清亮的液体

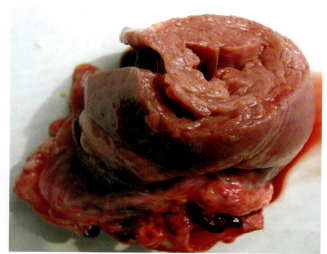

心肌横切面色浅、变性,像开水烫过

肝脏肿大、瘀血、出血、变性,呈红白相间的槟榔肝样

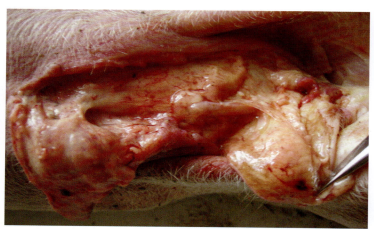

维生素E缺乏症:腹下水肿

诊断要点

（1）**临床症状** 运动机能障碍、消化机能紊乱、腹泻；贫血、黄染、生长缓慢等全身症状。

（2）**剖检变化** 肌肉呈煮肉样。

预防措施

1）对于 3 日龄仔猪，用 0.1% 亚硒酸钠注射液 1 毫升肌内注射，有预防作用。母猪日粮中应添加亚硒酸钠和维生素 E。

2）注意妊娠母猪的饲料搭配，保证饲料中硒和维生素 E 等添加剂的含量。还应配合使用亚硒酸钠制剂。对泌乳母猪，在饲料中加入一定量的亚硒酸钠（每次 10 毫克）可防止哺乳仔猪发病。对缺硒地区的仔猪，可于出生后第 2 天肌内注射 0.1% 亚硒酸钠注射液 1 毫升，有一定预防作用。对发病仔猪用 0.1% 亚硒酸钠注射液，每头仔猪肌内注射 3 毫升，20 天后重复 1 次；同时应用维生素 E 注射液，每头仔猪 50~100 毫克，肌内注射。有条件的地方可饲喂一些含维生素 E 较多的青饲料，如种子的胚芽、青绿多汁饲料和优质豆科干草。对泌乳母猪，可在饲料中加入一定量的亚硝酸钠（每次 10 毫克）。在缺硒地区，仔猪出生后第 2 天可肌内注射亚硒酸钠注射液 1 毫升。

治疗方法

1）发生本病后，立即改善饲养管理条件有一定效果，但往往不能杜绝本病发生，还应配合使用亚硒酸钠制剂。

2）在饲料中混合亚硒酸钠，母猪 10 毫克、仔猪 2 毫克，15 天后重复给药 1 次，进行预防。

3）用亚硒酸钠配成 0.1%~0.5% 的灭菌水溶液进行皮下或肌内注射：仔猪注射 0.1% 溶液 1~2 毫升，母猪注射 0.5% 溶液 1~2 毫升，间隔 10~15 天再注射 1 次。为恢复肌肉的正常代谢过程，可用 100~300 毫克维生素 E 制剂肌内注射，每天 1 次，连用 3~5 天（与肌醇合用效果更好）。

二、中暑

简介

中暑是日射病和热射病的总称,是猪在外界光或热作用下及机体散热不良时引起的机体急性体温过高的疾病。日射病是指猪受到日光直接照射,引起大脑中枢神经发生急性病变,导致中枢神经机能严重障碍的现象。热射病为猪在炎热季节及潮湿闷热的环境中,产热增多,散热减少,引起严重的中枢神经系统功能紊乱的现象。

病因

在炎热的夏季,日光照射过于强烈且湿度较高,猪受日光照射时间长或猪圈狭小且不通风,饲养密度过大;长途运输时运输车厢狭小,过分拥挤,通风不良,加之气温高、湿度大,引起猪心力衰竭、脑部充血和水肿等。

临床症状

本病发病急剧,病猪可在2~3小时内死亡。病初呼吸急促,心跳加快,体温升高,四肢乏力,走路摇摆;眼结膜充血,精神沉郁,食欲减退,有饮欲,常出现呕吐。严重时体温升高到42℃以上。最后昏迷,卧地不起,四肢乱划,因心肺功能衰竭而死亡。

(1) 日射病 初期表现精神沉郁,四肢无力,步态不稳,共济失调,突然倒地,四肢呈游泳状划动,呼吸急促,节律失调,口吐白沫,常发生痉挛或抽搐,体温显著增高,有的体温正常,结膜发绀,高度兴奋不安,狂躁痉挛,牙关紧闭,流涎等。有时甚至没有任何临床症状而突然死亡。

（2）**热射病** 不安，身抖出汗，神志不清，四肢无力，行走摇摆，特别是两后肢站立不稳，严重时突然倒地呈昏睡状态或四肢呈游泳状划动；眼睛赤红，瞳孔放大，全身体表发热，体温急剧上升达42℃以上；呼吸急速，口吐白沫，心跳加快，有时心跳节律不整。

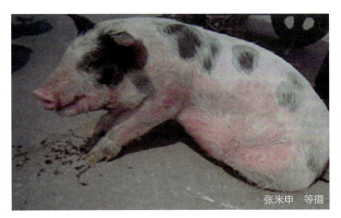

日射病：猪在炎热日光下暴晒，可引发病猪气喘及大量流涎

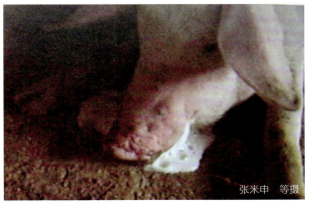

热射病：外界温度过高加之环境湿度大，可引发病猪口吐白沫

病理变化

脑及脑膜充血、水肿、广泛性出血，脑组织水肿，肺充血、水肿，胸膜、心包膜及肠系膜都有瘀血斑和浆液性炎症。患日射病时可见到紫外线所致的组织蛋白变性、皮肤新生上皮的分解。

诊断要点

（1）**临床症状** 呼吸急促，心跳加快，体温升高，四肢乏力，走路摇摆、昏迷，卧地不起，四肢乱划。

（2）**剖检变化** 脑组织水肿，肺充血、水肿，胸膜、心包膜及肠系膜都有瘀血斑和浆液性炎症。

治疗方法

发现中暑猪,应该迅速将病猪转移到阴凉通风处,用凉水浇或用冷湿毛巾敷头部,冷敷心区,也可以用凉水喷洒全身或进行冷水浴,使体温降至38.5~39℃。降低体温是紧急处理的主要措施,体温降下来后其他症状才得以缓解,接下来进行相应的对症治疗。

(1)**静脉放血** 猪体表发热,耳部充血,可剪耳尖、尾尖放血100~200毫升,同时每头猪用十滴水5~10毫升兑水内服,或静脉注射复方氯化钠注射液200~500毫升。

(2)**刺激疗法** 对昏迷的病猪可用适量生姜汁、大蒜汁或少许氨水放置鼻前,任其自由吸入以刺激鼻腔,引起打喷嚏,使其苏醒。同时皮下注射尼可刹米(中枢兴奋药)注射液2~4毫升。

(3)**灌肠疗法** 对脱水病猪,用生理盐水或0.5%凉盐水反复灌肠。也可腹腔注射500~1000毫升5%葡萄糖氯化钠注射液,一可补充体液,二可有效降低体内温度。

(4)**西药疗法** 中暑严重且兴奋狂躁不安的猪,每头皮下或肌内注射安钠咖0.5~2克。过度兴奋时,肌内注射2.5%氯丙嗪3~5毫升或安定注射液6~10毫升。严重失水时,灌服生理盐水或静脉注射5%葡萄糖氯化钠200~500毫升。治疗中暑猪,应该先帮助机体进行散热、降温,再依据中暑所引起的中枢神经系统、呼吸系统、心血管系统等病变,进行相应的对症治疗。

三、霉菌毒素中毒

简介

霉菌毒素是寄生于牧草、干草、青贮饲料、玉米、大麦、小麦、稻谷、棉籽及豆类制品或其他饼粕中的真菌产生的霉素。由于致病性霉菌在含水量和温度适宜的条件下,迅速生长繁殖并产生毒素,当畜禽采食后而发生中毒，常造成大批发病和死亡。许多真菌毒素具有耐热性，但它们没有抗原性，所以不能产生免疫作用，也没有传染性。目前，已知污染饲料的产毒霉菌有33个属164种，产生200多种霉菌毒素，也有研究统计有300多种霉菌毒素。动物饲料中最常见的霉菌毒素主要是霉菌的3个属产生的，即曲霉属（主要产黄曲霉毒素和赭曲霉毒素）、青霉属（主要产青霉素）和镰孢属（主要产单端孢霉毒素、伏马毒素和玉米赤霉烯酮）。

1. 猪黄曲霉毒素中毒

病因

黄曲霉毒素是一类结构相似的化合物的混合物（二氢呋喃香豆素的衍生物），分别为黄曲霉毒素B_1、B_2、G_1、G_2。其中最重要和毒性最大的是黄曲霉毒素B_1。黄曲霉毒素中毒常见于猪和雏鸭，此外雏鸡、火鸡、牛及雪貂等动物也常受害，发病率与当年的天气有关，阴雨连绵的收获季节常暴发本病。本病因动物的品种、年龄、营养状况、个体耐受性、机体防卫功能，接受毒物的数量及时间的不同，其临床症状也有不同程度的差异。黄曲霉毒素是一种强烈的致癌物质，属于肝毒素，畜禽中毒后，均以肝脏变性为主要特征，但也可以严重破坏血管的通透性和毒害中枢神经，故中毒的畜禽常出现出血性素质、水肿和神经症状。

临床症状

病猪渐进性食欲减退，口渴、腹泻便血、异嗜、生长迟缓、发育停滞、皮肤充血和出血。随着病情发展，病猪可出现间歇性抽搐，结膜、巩膜黄疸、过度兴奋、角弓反张和共济失调，眼周围附着污垢，出现红眼圈，后期红细胞可降低30%~45%，凝血时间延长，白细胞总数增多。

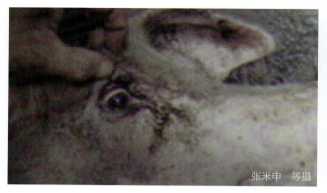
饲料内霉菌毒素超标可使经产母猪的眼周围附着污垢

霉菌毒素超标的饲料可使病猪发生红眼圈

病理变化

　　肝脏严重变性、坏死、肿大、色黄、质脆，可见黄色坏死灶，肝小叶中心出血和间质明显增宽。全身黏膜、皮下、肌肉可见出血点和出血斑。肾脏弥漫性出血，膀胱黏膜出血。胸腹腔可出现数量不等的积液。胃肠道可见游离血块，胃底黏膜充血潮红，严重者出血。肠系膜淋巴结肿胀、出血。肺瘀血、出血。有时可见脾脏被膜微血管扩张和出血性梗死。急性病例胆囊壁和肠祥往往发生严重水肿，喉头黏膜黄染；慢性病例可见由肝脏实质严重破坏和纤维化而引起的肝脏变形。

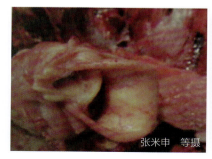
喉头黏膜黄染

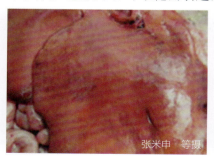
肝脏质脆、色黄，严重的可见灰黄色坏死灶

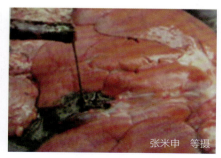
急性病例胆囊黏膜下层严重水肿，胆汁浓稠，呈黄色胶状

诊断要点

（1）临床症状　结膜、巩膜黄疸、过度兴奋、角弓反张和共济失调。
（2）剖检变化　肝脏变性、坏死、肿大、色黄、质脆，全身黏膜、皮下、肌肉可见有出血点和出血斑。

2. 镰孢属霉菌毒素中毒

病因

本病主要是由镰孢属的霉菌产生的一系列霉菌毒素引起的中毒。镰孢属（镰刀菌属）主要产单端孢霉毒素［由自然产物提纯鉴定的只有20种，主要是呕吐毒素（DON）和T-2毒素等］、伏马毒素B_1（又名烟曲霉毒素，FB_1）和玉米赤霉烯酮（又名ZEN或ZEA，又称F-2毒素）等。这类霉菌能侵染小麦、大麦、荞麦、燕麦、玉米及其他禾本科植物，在气温为16~24℃、湿度为85%时最适繁殖，并产生毒素，家畜采食染有这类霉菌的茎叶或种子后，可引起中毒。

部分玉米发霉变质

临床症状

猪急性中毒时，以常于采食后约30分钟左右频频发生呕吐为特征，往往每隔5~10分钟呕吐1次，如此可持续2小时，并表现食欲废绝、腹泻。病程缓慢时，可引起性机能紊乱，小母猪阴户肿胀，流出白色脓性分泌物，乳腺增大、阴户、阴道出血、发炎；公

大部分病猪腹泻

猪可出现包皮炎，阴茎肿胀。有的病猪尚表现兴奋性增高及皮肤发痒，皮肤出现红色小丘疹。慢性中毒时，病猪逐渐消瘦，站立困难，行走摇摆。

病猪腹泻、贫血、消瘦

病猪表现消化不良、腹泻

小母猪阴户肿胀

病猪消瘦，站立困难，步态不稳

病猪皮肤出现许多红色小丘疹

小母猪阴户肿胀并流出白色脓性分泌物

病理变化

肝脏脂肪变性、出血、坏死和空泡化，有时肝细胞原浆中出现大量嗜酸性小体，间质和实质炎性细胞浸润。慢性病例可见胆管增殖和间质纤维组织增生；大脑实质出血、水肿，神经细胞变性，脑实质和脑膜血管明显扩张，充满红细胞，但脑实质微血管周围淋巴间隙无炎性细胞浸润，这是与猪瘟脑组织病变区别的主要鉴别依据；肾小管上皮变性脱落和原浆中出现玻璃样小体变性，而肾小球一般无明显病变。

诊断要点

（1）临床症状　病猪频频发生呕吐、腹泻，皮肤出现红色小丘疹。

（2）剖检变化　小母猪阴户肿胀，乳腺增大，阴户、阴道出血、发炎；公猪可能有包皮炎，阴茎肿胀。

预防措施

预防霉菌中毒的根本措施是严禁使用霉败饲料喂猪，注意防霉与去霉，应以防霉为主。

1）防霉。防止饲料霉败的关键是控制饲料的水分和温度，积极采取措施对谷物饲料尽快进行干燥处理，并置于干燥低温处贮存。

2）去霉。目前尚无满意的方法去霉，可用碱液（1.5%氢氧化钠或草木灰水等）处理或用清水多次浸泡，直至泡洗液清澈无色为止。此外，也有人研究用微生物解毒法，应用一种黄杆菌经过12小时培养后即可迅速全部除去玉米、花生、谷物等的黄曲霉毒素、赤霉菌毒素等。

3）若有中毒现象，立即停喂霉变饲料，以饲喂青绿多汁饲料为主。

4）搞好圈舍及周围环境的消毒工作，防止内源性传染病及其他传染病发生。

治疗方法

（1）中药疗法　旨在清热解毒、保肝、疏肝理气、补脾益胃。用蒲公英300克、甘草100克、黄芪50克、白术50克、大枣20克、香附子10克、当归30克、柴胡20克、白芍40克，粉碎成面。100千克的猪，每次用500克。

(2)对症治疗,控制继发感染

1)肌内注射。维生素 C 10~50 毫升,维生素 B_1 5~10 毫升,蒲公英注射液 10~50 毫升。

2)口服。每 1000 千克饲料中添加脱霉剂 2 千克,维生素 C 原粉 2 千克,多西环素或氟苯尼考 500 克,电解多维 1 千克,葡萄糖 5 千克。

3)急性中毒,用 0.1% 高锰酸钾溶液和硫酸镁溶液灌肠和洗胃,内服盐类泻剂缓泻排毒。静脉注射 5% 葡萄糖生理盐水 250 毫升和 40% 乌洛托品 20 毫升;同时皮下注射 20% 安钠咖 5~10 毫升。

四、食盐中毒

简介

猪食盐中毒主要是由于采食含过量食盐的饲料,尤其是在饮水不足的情况下发生的中毒性疾病。本病主要的临床特征是突出的神经症状和一定的消化紊乱。本病多发于散养猪,规模化猪场少发。猪食盐内服急性致死量约为每千克体重 2.2 克。

病因

猪食盐中毒是由于采食含盐较多的饲料或饮水造成,如用泔水、腌菜水、饭店食堂的残羹、洗咸鱼水或酱渣等喂猪,配合饲料时误加过量的食盐或混合不均匀等。饲喂全价配合饲料,特别是饲料中钙、镁等矿物质充足时,对过量食盐的敏感性大大降低,反之则敏感性显著增高。饮水是否充足,对食盐中毒的发生更具有绝对的影响。食盐中毒的关键在于限制饮水。

临床症状

主要症状是流口水，口渴，肌肉颤抖，兴奋不安，运动失调或转圈等。轻、中度中毒的猪，食欲减退，口渴喜饮，呕吐，口流泡沫样黏液。腹痛，拉浅褐色稀粪，后肢无力，伴有颤抖，行走时后躯摇摆。重度中毒者，食欲废绝，极度口渴，狂饮，口中流出大量泡沫，呕吐，精神极差，意识不清，眼半闭、视力减退。有的角弓反张，有的做游泳状运动，严重者昏迷，最后死亡。

病猪前期口渴，后期意识不清、站立不稳，对水无反应

口渴、流涎，出现脑神经症状，即不知道躲避障碍物

病理变化

中毒死亡的猪，胃黏膜呈弥漫性出血；十二指肠黏膜水肿、出血、局部脱落，有较多大小不等、形状不等的溃疡病灶；小肠黏膜弥漫性出血；盲肠黏膜出血。喉头严重水肿，肺肿胀、瘀血，有出血斑。肾皮质和髓质出血。肝脏肿大、质脆、出血。

肝脏肿大、出血

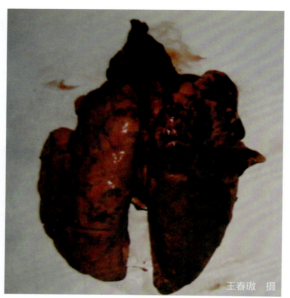

肺肿胀、瘀血，有出血斑

急性中毒死亡猪的胃黏膜弥漫性出血

小肠黏膜弥漫性出血

诊断要点

（1）临床症状　流口水，口渴，肌肉颤抖。

（2）剖检变化　喉头严重水肿；胃肠黏膜充血、出血，以胃底部最严重；肝脏肿大、质脆；肠系膜淋巴结充血、出血。

预防措施

养猪的时候必须注意食盐喂量，不要用过咸的饲料喂猪，日粮含盐量成年猪不超过 0.5%，幼龄猪不超过 0.3%。平时应供给充足饮水，最好采用自动饮水器。

治疗方法

（1）停料并视具体情况大量供水或限水　发病初期应大量供水，后期有水肿时要定量供水。

（2）促进氯和钠的排出　溴化钠注射液（0.1 克/毫升）10~20 毫升、25% 葡萄糖 100~200 毫升，静脉注射，也可口服溴化钾；呋塞米（速尿）每千克体重 2 毫克，口服，每天 2 次。

（3）制止渗出，减轻颅内压　10% 葡萄糖酸钙 10~30 毫升，静脉注射。也可用 20% 甘露醇 100~200 毫升，静脉注射。

（4）对症治疗　兴奋时要用氯丙嗪每千克体重 1~3 毫克或 25% 硫酸镁 20~40 毫升，肌内注射；或用巴比妥、水合氯醛、盐酸赛拉嗪、溴化钠等药物。有胃肠炎时可肌内注射或口服抗菌药，防止继发感染；也可口服淀粉糊、蛋清等黏浆剂，保护胃肠黏膜。如果排尿减少或无尿，可用 10% 葡萄糖 250 毫升与呋塞米 40 毫升混合静脉注射，每天 2 次，连用 3~5 天，尿液排出后即停用。如果病猪牙关紧闭不能进食，用 0.5% 普鲁卡因 10 毫升于两侧牙关、锁口穴封闭注射。

（5）西药疗法　对食盐中毒的猪适当控制饮水。对中毒猪进行耳静脉注射给药，25% 葡萄糖注射液 300~500 毫升、葡萄糖酸钙注射液 100 毫升、维生素 C20 毫升，一次性静脉注射，并肌内注射穿心莲加青霉素。

（6）**中药疗法**　生石膏 35 克、天花粉 35 克、鲜芦根 45 克、绿豆 50 克，煎汤一次灌服。以上是体重 80 千克左右猪的用药量。

（7）**针灸或放血疗法**　可针耳尖、太阳穴、山根穴、百会穴，或剪耳、剪尾放血。

五、酒糟中毒

简介

酒糟中毒是因饲料中酒糟添加量过多或使用方法不当所致。病猪食欲减退，伴有腹痛，表现顽固性胃肠炎，严重时呼吸困难，四肢麻痹，且伴有神经症状，周身形成皮炎和疹块，排红色尿液。

病因

酒糟中毒的毒物成分复杂，在长期的医疗实践中分析猪酒糟中毒的原因大体可分三类：一是酒糟残留的酒精（乙醇）、酒油（杂醇油）中毒，过量饲喂新鲜的酒糟则会引起这类中毒；二是猪吃了不新鲜的、发酵酸败的酒糟引起的有机酸（醋酸）中毒；三是猪吃了因污染了霉菌而产生霉菌毒素的酒糟中毒。农村的蒸酒房大多数规模小，本金不足，进料少，销售快，原料一般都比较新鲜，第三类中毒极少发生，猪酒糟中毒的原因多为前两类。

临床症状

（1）**乙醇中毒**　猪长期食用或大量食用新鲜或没有变质的酒糟引起的中毒，则为乙醇中毒。酒糟中除酒精外还含有酒油,由于酒油的存在使其毒性增强。病猪急性中毒时主要表现为胃肠炎,如食欲减退或废绝,剧烈腹痛,结膜潮红,先便秘后腹泻,继而高度兴奋,狂躁不安,心悸亢进,呼吸困难,步态不稳,共济失调,肌肉颤动,跌倒、失神,逐渐失去知觉。随后,病猪四肢麻痹,卧地不起,体温下降,瞳孔放大,呼吸衰竭,大、小便失禁,最后虚脱死亡。慢性中毒时,以上的急性症状略有缓和,病猪食欲减退或废绝,有时有贫血、水肿、尿血等症状,病猪逐渐消瘦,先便秘后腹泻,妊娠母猪流产等。

(2)**醋酸中毒** 酒糟存放时间过长,特别在高温季节,酒糟极易发生酸变或霉变,产生大量的游离醋酸,则为醋酸中毒。急性醋酸中毒时,猪食欲减退或废绝,同时伴有腹痛、腹泻,脉搏微弱,呼吸急促等,严重时昏迷而死。有的重症猪皮肤发生肿胀或坏死,食欲减退、流涎、腹痛、腹泻、口腔发炎、体温升高,随后呼吸急促,四肢麻痹,软弱无力,最后虚脱、死亡。慢性醋酸中毒时,病猪食欲减退,有时发生腹痛、腹泻,背毛粗乱,消化系统紊乱,病程拖长会逐渐消瘦,治疗不及时则发生死亡。

病理变化

乙醇、醋酸中毒具有的共同特点。病死猪皮肤发红,眼结膜潮红、出血,皮下组织干燥,血管扩张、充血,伴有点状出血,咽喉黏膜潮红、肿胀。胃内充满带有酒精和醋味内容物,胃黏膜潮红、肿胀,被覆厚层黏液,黏膜密布点状、线状或斑块状出血,尤以胃底腺部和幽门部的黏膜最明显。小肠黏膜潮红、肿胀,覆盖大量黏液,并呈弥漫性点状出血或有血凝块。大肠和直肠黏膜肿胀,并散发点状出血。肝脏、肾脏瘀血、肿胀与实质变性。软脑膜和脑实质充血和轻度出血。心内、心外膜出血,肺充血、水肿。

诊断要点

(1)**临床症状** 食欲减退,腹痛,顽固性胃肠炎,呼吸困难,四肢麻痹,神经症状,周身形成皮炎和疹块,尿血。

（2）剖检变化　胃肠黏膜充血、出血，胃内容物有酒精味和醋味，心内、心外膜出血，肝脏、肾脏肿胀与变性，肺充血、水肿。

预防措施

1）应尽可能喂新鲜的酒糟，特别在夏、秋炎热的季节更应注意这一点。若酒糟多猪少，一是可将酒糟充分晒干再喂；二是可密封保存，隔绝空气，防止发酵酸败。不可将酒糟用水浸泡，置于缸内暴晒于日光下。

2）要严格控制酒糟喂量，一般应与其他饲料搭配，以酒糟的比例不超过日粮的三分之一为宜。另外，酒糟最好进行热处理后再喂猪。酒糟经过热处理，可除去一部分乙醇，也可杀灭部分寄生的霉菌。

3）对轻度酸败且尚可利用的酒糟，可加入1%~2%的熟石灰或石灰水澄清液，以中和酒糟的游离酸，降低毒性。

治疗方法

1）对未中毒的猪，立即停喂酒糟，灌服1%碳酸氢钠或豆浆1500~2000毫升，以中和酸性，增加体内碱贮和保护胃肠黏膜。用5%葡萄糖500~1000毫升、10%安钠咖5~10毫升、维生素C 5~8毫升，一次性静脉注射；肌内注射氯丙嗪，每千克体重1~2毫升。有便秘者用大黄30克、硫酸镁30~50克、甘草20克，粉碎成面，用沸水冲泡，加入蜂蜜100克，一次喂服。

2）对已中毒的猪，立即停喂酒糟，并解毒。

①降温与纠正酸中毒。中毒猪的体温普遍较高，治疗时首先要投服大量的冷浓茶水，为纠正有机酸中毒，可用1%碳酸氢钠1000~2000毫升灌服或灌肠。

②静脉注射或腹腔注射5%葡萄糖氯化钠500毫升，同时静脉注射10%氯化钙20~40毫升。

③对出现麻痹虚脱症状的中毒猪，肌内注射20%安钠咖，小猪2~5毫升、大猪8~10毫升，每天

1~2次。

④出现呼吸衰弱的病猪，肌内注射尼可刹米注射液（规格为每支1.5毫升，每支0.375克）以兴奋呼吸中枢。大猪每次4~5支，中、小猪每次2~3支。

⑤发生皮疹的猪，用2%明矾或1%高锰酸钾，冲洗皮肤。

3）对症治疗

①硫酸镁50~100克、大黄末20~30克，加水溶解，一次灌服。

②25%葡萄糖注射液30~50毫升、10%氯化钙注射液10~20毫升、10%安钠咖注射液5~10毫升，一次静脉注射。或1%碳酸氢钠溶液300~500毫升，一次灌服。

③葛根150克、甘草20克，水煎取汁，一次灌服。

六、棉籽饼中毒

简介

棉籽饼中毒是由于猪长期或大量采食榨油后的棉籽饼，引起以出血性胃肠炎、全身水肿、血红蛋白尿等为特征的中毒病。棉籽壳及棉籽饼中的主要有毒成分是棉酚。棉酚包括结合棉酚及游离棉酚，游离棉酚对动物是有毒的。棉酚在体内比较稳定，不易破坏，而且排泄缓慢，有蓄积作用。

病因

棉籽饼是富含蛋白质的饲料，但含有毒物质棉酚，猪对棉酚很敏感，长期用大量棉籽饼或棉叶喂猪能引起中毒。棉酚进入消化道后，首先对胃黏膜产生刺激，从而引发胃肠卡他或胃肠炎。吸收后，对各系统器官均能造成中毒，各器官均发生浆液性、出血性炎症，有出血点及浸润。特别是侵害神经系统后，发生神经系统紊乱，出现兴奋或抑制等神经症状。如果棉籽饼用作饲料在饲喂前不进行脱毒处理或饲喂方法及喂量不当，极易引起猪中毒。

临床症状

病猪主要表现食欲减退或废绝，粪便呈黑褐色，先便秘后腹泻，混有黏液或血液。皮肤发绀，尤以耳尖、尾部明显。后肢软弱无力，走路摇晃，发抖。心跳、呼吸急促，鼻有分泌物流出，结膜暗红，有黏性分泌物。肾炎、尿血。血红蛋白和红细胞减少，出现维生素 A 缺乏症、眼炎、夜盲症和双目失明，妊娠母猪发生流产。

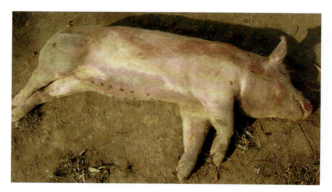

皮肤瘀血、出血、发绀

病理变化

剖检尸体可见胃肠黏膜有弥漫性出血、水肿，小肠瘀血，有出血斑点，呈暗红色，全身淋巴结（如下颌、颈浅背侧淋巴结）充血、肿大；胸腔、腹腔有红色渗出液；气管内有血样泡沫状液体或黏痰样物质，肺瘀血、出血；肝脏肿大、出血、变性发黄；肾脏肿大、出血，尿液混浊，膀胱黏膜潮红、出血。

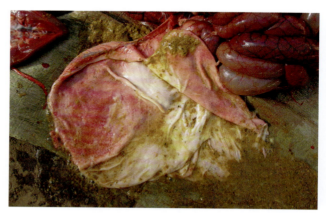

胃黏膜弥漫性出血、水肿，小肠有出血斑点

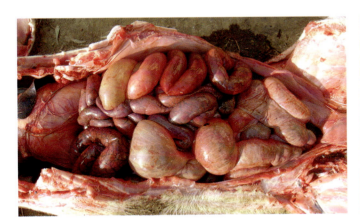
小肠瘀血、出血，呈暗红色，腹腔有红色渗出液

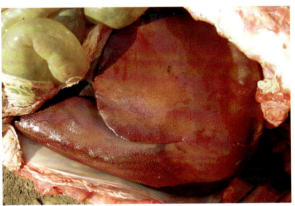
肝脏肿大、出血、变性，发黄

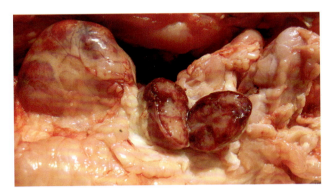
下颌及颈浅背侧淋巴结肿大、充血、出血

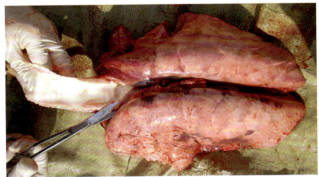
肺瘀血、出血，气管内有大量血样泡沫性液体

气管及支气管内出现黏痰样物质

肾脏肿大、出血

尿液混浊

膀胱黏膜潮红、出血

诊断要点

（1）临床症状　出血性胃肠炎、全身水肿、血红蛋白尿。
（2）剖检变化　胃肠黏膜有弥漫性出血，全身淋巴结充血、肿大。

预防措施

发生霉变的棉籽饼不能用来喂猪。预防本病，要防止长期大量单一饲喂棉籽饼，应以混合饲料为主，添加碳酸钠、骨粉和含维生素多的饲料，饲喂3~4周后应停喂2周。对妊娠母猪和仔猪应禁喂这种饲料。为了防止棉酚在猪体内蓄积，应对棉籽饼进行处理以减少毒性。棉籽饼的简易去毒方法主要有以下几种。

（1）石灰水去毒法　用5%石灰水浸泡24小时，倒去上清液，然后以清水洗后再喂。

（2）水煮法　将棉籽饼粉碎后放入锅中，加适量的水进行煮沸，煮时应时常搅动，沸腾0.5小时，冷却后即可喂猪。用这种方法处理的棉籽饼粕，在饲料中的比例可达30%。

（3）硫酸亚铁去毒　硫酸亚铁用量一般占棉籽饼的1%~2%，饲用时可将硫酸亚铁干粉拌入棉籽饼中，也可配成硫酸亚铁水溶液将棉籽饼浸泡后，连同浸泡液一起饲喂，这样既可以去毒，又可以增加饲料中的铁元素。用来处理棉籽饼粕的硫酸亚铁，要干燥密闭保存，防止氧化变红。硫酸亚铁水溶液要用冷水配制，现配现用。

（4）尿素去毒　用400千克水和4千克农用尿素，配成1%的尿素溶液，将100千克棉籽饼粕和200千克尿素溶液搅拌均匀，用木锨平摊在沥青地上，用塑料布严密覆盖，在常温下放置24小时后，去掉塑料布，摊晒，要不断翻倒，直至晒干。

（5）棉籽饼间隔饲喂　游离棉酚在猪体内只有积累到一定程度时才会发生中毒，而且猪体可不断地将这些游离棉酚排出体外，所以买不到硫酸亚铁时可采取间隔喂猪法。由于榨油工艺不同，棉籽饼粕中含毒量也不同，一般以现代机器榨油时，棉籽饼粕中的含毒量低。用间隔法喂猪时，棉籽饼粕在饲料中的比例不能超过20%。饲喂土榨棉籽饼粕，应喂1天停1天，连喂3~4个月，然后停1个月左右再喂。

治疗方法

1）每头猪每天的棉籽饼饲喂量不得超过0.5千克，同时棉籽饼要经过加热脱毒处理，并增加日粮中蛋白质、维生素、矿物质和青绿饲料的喂量。一旦中毒,可用1:(3000~4000)的高锰酸钾溶液或5%碳酸氢钠溶液洗胃,磺胺脒5~10克、鞣酸蛋白2~5克口服,25%葡萄糖500~1000毫升、10%安钠咖5毫升、10%氯化钙20毫升、维生素C10毫升,一次静脉注射。

2)治疗用0.1%高锰酸钾或5%碳酸氢钠洗胃。洗胃后,灌服硫酸钠(镁)30~100克,使其缓泻。再根据猪体大小放血200~300毫升,然后将25%葡萄糖100毫升、生理盐水500毫升、10%安钠咖5毫升,混合,一次静脉注射。

3)也可一次静脉注射50%硫代硫酸钠10~20毫升,每天2~3次;或一次静脉注射5%氯化钙注射液20毫升、40%乌洛托品注射液10毫升。

4)病情较轻的猪群,可把绿豆粉(200~500克/头)和碳酸氢钠粉(20~45克/头)混于饲料中喂服。

七、亚硝酸盐中毒

简介

猪亚硝酸盐中毒,是猪摄入富含硝酸盐、亚硝酸盐过多的饲料或饮水,引起高铁血红蛋白症,导致组织缺氧的一种急性、亚急性中毒性疾病。以可视黏膜发绀、血液呈酱油色、呼吸困难及其他缺氧症状为临床特征。本病在猪较多见,常于猪吃饱后15分钟到数小时发病,俗称饱潲病或饱食瘟。

病因

油菜、白菜、甜菜、野菜、萝卜、马铃薯等青绿饲料或块根饲料富含硝酸盐,使用硝酸铵、硝酸钠、除草剂、植物生长剂的饲料和饲草，其硝酸盐的含量也会增高。硝酸盐还原菌广泛分布于自然界，在温度及湿度适宜时可大量繁殖。亚硝酸盐的毒性比硝酸盐强15倍。在饲料慢火焖煮、霉烂变质、枯萎等过程中，硝酸盐可被硝酸盐还原菌还原为亚硝酸盐，导致中毒。

亚硝酸盐还可在猪体内形成，在一般情况下，硝酸盐转化为亚硝酸盐的能力很弱，但当胃肠道机能紊乱时，如患肠道寄生虫病或胃酸浓度降低时，可使胃肠道内的硝酸盐还原菌大量繁殖，此时若猪大量采食含硝酸盐的饲草饲料时，即可在胃肠道内大量产生亚硝酸盐并被吸收从而引起中毒。

临床症状

病猪首先表现为精神突然不安，有腹痛、流涎、呕吐或口吐白沫的症状，可视黏膜发绀；接着表现为呼吸困难，鼻端、下颌皮肤初呈灰白色、后变成乌紫色，体温正常或偏低，腹部皮肤呈乌紫色，耳和四肢末梢发凉，刺破耳尖、尾尖等，流出少量酱油色血液；因刺激胃肠道而出现胃肠炎症状，如流涎、呕吐、腹泻等。共济失调，痉挛，挣扎鸣叫，或盲目运动，心跳微弱。临死前角弓反张，抽搐，倒地而死。严重病例在发病后很快就会发生倒地痉挛，立即死亡；但也有较轻病例，可拖延1~2小时才会死亡。

鼻端及下颌皮肤呈乌紫色

病理变化

亚硝酸盐中毒猪由于病程短促、死亡快，因此尸体外表与内脏多无显著的病理变化。在病程稍长的病例中，可见胃黏膜与十二指肠呈现弥漫性充血与出血，左、右肺叶有大小不一的出血斑或有气肿，肝脏肿大，呈蓝紫色等病理变化。

腹部皮肤呈乌紫色

中毒猪的尸体多表现为腹部臌胀，口鼻呈乌紫色，血液呈黑褐色或酱油色，血液通常凝固不良。

血液呈黑褐色或酱油色

肝脏肿大，呈蓝紫色

诊断要点

（1）临床症状　可视黏膜发绀、腹痛、呼吸困难、胃肠炎、共济失调。
（2）剖检变化　肝脏肿胀呈蓝紫色，血液呈酱油色。

预防措施

1）科学改善青绿饲料堆放、浸泡与烧煮焖置的过程。无论是生的还是煮熟的青绿饲料，都要采用摊开敞放的方法，以免青绿饲料中的硝酸盐在硝化细菌的作用下转化为有毒的亚硝酸盐。

2）给猪饲喂青绿饲料时，需要注意检查所饲喂青绿饲料质量的安全性，严禁饲喂已堆置或焖置过久的发热、腐烂、变质的青绿饲料，这样就能有效地预防本病。

治疗方法

(1) 排出毒物

①洗胃：0.1% 高锰酸钾 1000~2000 毫升，反复洗胃。

②催吐：阿扑吗啡 0.01~0.02 毫升皮下注射。也可用 0.5% 硫酸铜 80~200 毫升灌服。

③缓泻：硫酸钠（镁）20~30 毫升加水 1000 毫升灌服。

④放血：尾尖或耳尖放血。

(2) **解毒** 1% 亚甲蓝 0.1~0.2 毫升/千克肌内注射或加 5% 葡萄糖静脉注射，还可用 5% 葡萄糖液 100~200 毫升加 5% 维生素 C10~20 毫升静脉注射。缺氧时用 3% 过氧化氢 10~30 毫升加生理盐水 30~100 毫升皮下注射。

(3) **对症疗法** 如病猪的心脏机能不好时，可用 10% 安钠咖 4~6 毫升，一次皮下或肌内注射；病猪有呼吸困难症状时，可用 25% 尼可刹米 2~4 毫升一次皮下或肌内注射，或静脉注射 20% 硫代硫酸钠溶液 30 毫升，或肌内注射 0.1% 的盐酸肾上腺素 2~5 毫升，以缓解呼吸困难；腹泻严重时，阿托品按每千克体重 0.14~0.16 毫克肌内注射，维生素 C 200~250 毫克皮下注射；体弱的猪可肌内注射安钠咖 5~10 毫升和静脉注射 5% 葡萄糖生理盐水 500~1000 毫升。

八、锌缺乏症

简介

锌缺乏症是猪的一种营养代谢病，分为原发性和继发性缺锌引起的缺乏症。病猪表现为食欲减退、生长迟缓、脱毛、皮肤痂皮增生、皲裂等特征。

病因和流行特点

猪场的种公猪、母猪、经产和后备母猪、仔猪等均可发病。种公猪、母猪发病率高,而仔猪发病率低,即随年龄增大发病率增高。经了解,散养猪和猪舍结构简单的猪一般不发病,饲养在水泥或砖地面圈舍的猪发病较多。特别要注意高钙饲料可影响锌的吸收利用。本病发病无季节性。

临床症状

病猪厌食,饲料转化率低,生长发育缓慢乃至停滞,生产性能减退;繁殖机能异常,分娩时间延长,死胎率增加,出生仔猪体重下降和个体变小;皮肤角化不全,痂皮增生、皲裂;发病最初,被毛粗乱异常,背部沿脊柱常常出现一条皮肤角化不全的污色长带;创伤愈合缓慢,免疫功能缺陷。病初便秘,以后呕吐腹泻,排出黄色水样液体,但无异常臭味。猪腹下、背部、股内侧和四肢关节等部位的皮肤发生对称性红斑,继而发展为直径为3~5毫米的丘疹,很快表皮变厚,有数厘米深的裂隙,增厚的表皮上覆盖以容易剥离的鳞屑。临床上病猪没有痒感,但常继发皮下脓肿。病猪生长缓慢,被毛粗糙无光泽,全身脱毛,个别变成无毛猪。脱毛区皮肤上常覆盖一层灰白色物质。严重缺锌病例,母猪出现假发情,屡配不孕,产仔数减少,新生仔猪成活率降低,弱胎和死胎增加。公猪睾丸发育及第二性征的形成缓慢,精子缺乏。遭受外伤的猪,伤口愈合缓慢,而补锌后则可迅速愈合。

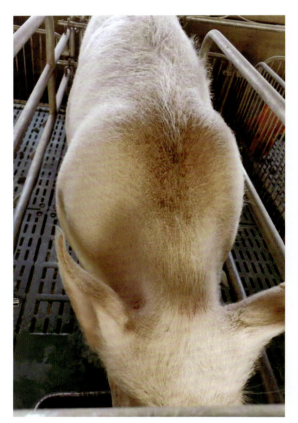

脊背部皮肤污浊、皲裂、脱皮

初诊可见表皮变厚，并出现皲裂　　　　用药 4 天后，痂皮脱落，露出丘疹状瘤　　　用药 17 天后痊愈

诊断要点

食欲减退、生长迟缓，背部沿脊柱常见一条皮肤角化不全的污色长带，局部脱毛、皮肤痂皮增生、皲裂。

治疗方法

①肌内注射碳酸锌每千克体重 2~4 毫克，每天 1 次，连续使用 10 天，1 个疗程即可见效。

②口服硫酸锌 0.2~0.5 克 / 头，对皮肤角化不全和因锌缺乏引起的反肤损伤，数天后即可见效，经过数周治疗，损伤可完全恢复。

③饲料中加入 0.02% 的硫酸锌、碳酸锌、氧化锌对本病兼有治疗和预防作用。但一定注意其含量不得超过 0.1%，否则会引起锌中毒。

④预防时，按饲养标准的补锌量每 1000 千克饲料内加硫酸锌或碳酸锌 180 克，也可饲喂葡萄糖酸锌预防。

九、铜中毒

简介

铜中毒是猪摄入过量的铜而发生的以腹痛、腹泻、肝功能异常和贫血为特征的中毒性疾病。硫酸铜常用作饲料添加剂,当添加过多、混合不匀或猪采食了喷洒过含铜农药的牧草时可发病。

病因

1)缺乏科学的饲养管理技术,盲目追求长势。有的高铜饲料添加比例高达25%以上,加之不分阶段育肥,全程饲喂高铜饲料而引起铜中毒。

2)配料时混合不匀,部分饲料含铜过高可导致急性铜中毒。

3)铜的拮抗元素钼含量偏低,而使铜、钼比例失调[铜、钼比例正常应在(3.5~4.5):1],日粮中铜比例过高引起铜中毒。

临床症状

(1)急性中毒 主要症状为重症胃肠炎。食欲废绝,流涎,呕吐,猪表现渴感;腹痛、腹泻,粪便呈青绿色或蓝色、恶臭、混有黏液;肌肉松弛,四肢无力,步态不稳;心率加快,甚至知觉丧失,痉挛。有的很快出现休克症状,多于24~48小时死亡。

(2)慢性中毒 表现精神沉郁,食欲减退或废绝,贪饮,体重减轻,腹泻,呼吸困难,肌肉震颤,眼睑水肿,甚至眼无法睁开,可视黏膜苍白黄染,多有黄疸,皮肤瘙痒且皮肤角化不全,无溶血现象。

病理变化

剖检多数表现为胃肠炎变化。胃底黏膜严重出血、溃疡、糜烂甚至坏死;十二指肠、空肠、回肠、结肠黏膜脱落坏死,十二指肠前段多覆盖一层黑绿色薄膜,大肠充满栗状粪便,回肠、盲肠基部有蜂窝状溃疡。

慢性中毒表现肝脏肿胀、出血、脂肪变性;肾脏肿大、充血、皮质有斑点;心肌呈纤维性病变;脾脏肿大,肺部水肿;血液稀薄,肌肉颜色变浅。

诊断要点

(1)临床症状 重症胃肠炎,食欲废绝、流涎、呕吐,呼吸困难,肌肉震颤,眼睑水肿。

(2)剖检变化 肝脏肿胀、十二指肠前段覆盖一层黑绿色薄膜、盲肠基部有蜂窝状溃疡、心肌呈纤维性病变。

预防措施

1)科学的饲养管理。不盲目追求长势,严格控制饲料中铜的含量,1千克饲料中以125~250毫克为宜,不同生长阶段要用不同时期的饲料,控制高铜含量添加剂的使用量。如果饲料中铜含量大于250毫克/千克,有可能会发生猪中毒。正常情况下,猪日粮中铜的真正需要量为5~6毫克/千克,最大耐受量大约是250毫克/千克。

2)为了预防猪铜中毒,在饲料中可适当添加铁和锌元素,使猪体内的铜、铁、锌3种元素保持相对平衡,可预防猪铜中毒。在生长猪饲料中添加锌130毫克/千克、铁150毫克/千克,也可添加适量硒(硒与铜、砷、镉、汞等重金属拮抗,保护组织不受金属有毒物质的损害)。在含铜饲料中同时添加腐殖酸、茶多酚等功能性饲料添加剂,既可防止猪铜中毒,又能促进猪生长,提高免疫力和抗病力。

3)一旦发生慢性铜中毒症,即应在饲料中添加少量钼盐。在猪饲料中添加硫酸亚铁和硫酸锌各

0.1 克/千克，并选用豆饼而不用脱脂乳作为蛋白质饲料，可预防本病的发生。

4）正确使用铜制剂，饲料添加剂中铜的加入量应因地制宜，绝对不能盲目添加。此外在饲料中适量添加铁和锌元素，使猪体内的铜、铁、锌3种元素保持相对平衡可预防铜中毒，还能显著地促进猪的生长及降低饲料消耗。

治疗方法

1）立即停喂含铜饲料，改喂自配混合饲料，并加喂新鲜白菜叶等青绿饲料，给予含有0.1%维生素C的10%白糖水，让猪自由饮用。对中毒较重的病猪隔离对症治疗。采取上述措施3天后，病猪精神好转、食欲逐渐得以恢复。

2）对中毒较重的病猪，用0.2%~0.3%亚铁氰化钾洗胃或灌服，也可用氧化镁口服，每次10~20克，然后灌服5~8个鸡蛋清，连用2~3天，疗效理想。在治疗过程中如果病猪出现溶血症状，则预后不良。

3）病猪每天喂服盖胃平50片或雷尼替丁20片，连服5~7天，同时在饲料中加入0.1%~0.2%碳酸氢钠，缓解和治疗胃肠溃疡。

十、猪维生素A缺乏症

简介

猪维生素A缺乏症是猪维生素缺乏的常见病之一。猪在发生慢性肠道疾病时常发生维生素A缺乏症。主要表现为明显的神经症状，头颈向一侧歪斜，步样蹒跚，共济失调，不久即倒地并发出尖叫声。

病因

因为各种青绿饲料中,特别是胡萝卜、南瓜和玉米中都含有丰富的维生素A原,而柿子、亚麻籽、萝卜、谷物中几乎不含维生素A原。维生素A原在肠上皮中能转变成维生素A,因此猪发生慢性肠道疾病时,也容易发生维生素A缺乏症。

临床症状与病理变化

病猪呈现明显的神经症状,头颈向一侧歪斜,步样蹒跚,共济失调,不久即倒地并发出尖叫声,目光凝视,瞬膜外露,继发抽搐,角弓反张,四肢呈游泳状。有的表现皮脂溢出,周身表皮分泌褐色

维生素A缺乏:妊娠早期胎儿发育畸形引起小眼症

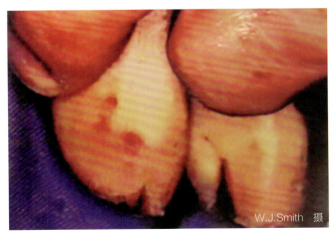

哺乳仔猪蹄壁内出血,且蹄壁和蹄冠出现损伤

渗出物。可见夜盲症，视神经萎缩及继发性肺炎。育成猪后躯麻痹，步态蹒跚，后躯摇晃，后期不能站立，针刺反应减退或丧失。母猪发情异常、流产、死产、胎儿畸形，胎儿产生无眼、独眼、小眼、腭裂等症状。公猪睾丸退化缩小，精液质量差。

皮肤角化增厚，骨骼发育不良，哺乳仔猪蹄壁内出血，蹄壁和蹄冠出现损伤。眼结膜干燥，初乳头水肿，视网膜变性，妊娠母猪胎盘变性，公猪睾丸缩小。

诊断要点

临床症状：可见明显的神经症状，母猪发情异常，所产胎儿畸形，产生无眼、独眼、小眼、腭裂等症状。

预防措施

主要是保持饲料中有足够的维生素 A 原或维生素 A，日粮中应有足量的青绿饲料、胡萝卜、块根类等富含维生素 A 的饲料。妊娠母猪需在分娩前 40~50 天注射维生素 A 或口服鱼肝油、维生素 A 浓油剂，可有效地预防初生仔猪的维生素 A 缺乏。

治疗方法

饲喂富含维生素 A 的饲料，添加胡萝卜素。还可口服鱼肝油，仔猪 5~10 毫升、育成猪 20~50 毫升，每天 1 次，连用数天。也可肌内注射维生素 A，仔猪 2 万 ~5 万国际单位，每天 1 次，连用 5 天。

十一、母猪低温综合征

简介

母猪低温综合征是由多种原因引起的母猪在妊娠期和哺乳期,以体温突然低于正常体温临界值 37.5℃为特征的一种代谢障碍性疾病。本病属于疑难性疾病,其特征性症状是体温持续下降、喜卧、食欲减退或废绝、贫血等。母猪低温综合征在寒冷季节时有发生,如具治疗不及时可危及母仔生命,会造成较大的经济损失。

病因

母猪低温综合征的发生关键是外供热+产热与散热的不平衡。动物利用保温措施提供外供热,利用能量饲料提供产热,如果保暖措施不到位而散热增加则体温不保;日粮中能量饲料不足或母猪胃肠功能障碍均可造成产热减少;寒冷季节环境温度过低时则散热明显增加,久而久之,体温难保而引发本病。寒冷可引发冷应激,冷应激能造成机体一系列的代谢障碍,严重时可引起动物休克(微循环障碍)甚至死亡。

母猪低温综合征是由多种原因引起的,病因比较复杂,其主要病因如下。

(1)**生理性因素** 胎次及胎儿过多,母猪年老体差,全身各系统的功能均已经减退,特别是胃肠消化及吸收功能大为降低,出现采食量下降,故造成产热减少;母猪正值妊娠期,特别是妊娠后期及临产前,胎儿生长速度加快,或因为产仔后气血双虚,加之为了满足仔猪快速生长的需要,母猪需要大量泌乳,进而出现母体耗能增加,其抗寒能力降低;养殖户为了增加经济效益,由于某些养猪场不具备提前断奶(21日龄前后)的条件,也让其提前断奶,让母猪频繁妊娠、产仔,因利用过度或延长利用年龄,使母猪体质更加虚弱;某些瘦肉型品种其皮下脂肪较少,保温抗寒能力变差。由于上述原因，在寒冷时节易诱发母猪低温综合征。

（2）**营养性因素** 养殖户害怕母猪过肥，担心会影响妊娠，或为了降低饲料成本，饲料质量低劣、过于单一、难以消化、适口性差、搭配不当，特别是能量和蛋白质饲料不足，因而造成寒冷季节母猪体内产热不足、散热增加，体温难以维持，易引发母猪低温综合征。

（3）**环境与管理因素** 母猪低温综合征主要发生于秋末、冬季和初春时节，天气变化异常，冷热温差过大，特别是由热突然变冷，再加上时常出现雨雪天气，温度骤降，持续寒冷；寒冷季节养殖人员对妊娠期和哺乳期母猪没有及时或尽早采取防寒保暖措施；由于限位饲养，圈舍狭小，久卧不动，运动严重不足，致使母猪体况下降；猪舍内通风不良、阴暗潮湿，时常遭受寒风侵袭，睡卧在冰凉的水泥地面上，甚至长期不见阳光，让母猪吃冷食、喝凉水，使之寝食难安，久而久之采食量下降，造成产热不足、散热增加。还有个别病例是因为超剂量使用解热镇痛药物引起的。

（4）**某些疾病因素** 一切引起母猪胃肠功能紊乱的疾病，特别是某些慢性消耗性疾病，均有可能造成母猪食欲减退或废绝，引起体质虚弱。某些传染病如猪瘟、猪流行性腹泻、附红细胞体病等，某些内科病如胃肠卡他性炎症、胃肠炎、便秘、维生素缺乏症、锌缺乏症、霉菌毒素中毒、棉籽病中毒等，某些寄生虫病如蛔虫病、毛首线虫病、食道口线虫病等，均可影响胃肠功能，降低机体抗病能力。在诊疗母猪低温综合征时，要全面综合分析，认真辨别是否与某些疾病因素有关。

临床症状

突然发病，通常于发病后24小时左右体温降至38℃以下，个别降至最低温35.8℃；心跳多在40~60次/分钟；呼吸快而浅表，多在30~40次/分钟。

根据病猪的症状与所在体温区间的联系，可把母猪低温综合征在临床上大体分为3个病型：即轻型、重型和危型。

（1）**轻型** 体温在37~38℃，主要表现被毛粗乱、精神沉郁，懒惰喜卧，食欲减退，鼻流清涕；大小便基本正常，但哺乳母猪抗拒仔猪吮乳。

（2）**重型** 体温在35.8~37℃（大约85%的病例处于这个温度），病情明显加重，表现为流涎，有时呕吐，反应迟钝，嗜睡，久卧不起，强迫运动，步态不稳，心跳加快，呼吸急促，有时气喘；手感皮温下降，特别是体端末梢发凉，肌肉震颤；可视黏膜和皮肤颜色发白，出现贫血现象；部分病猪排干粪或腹泻，严重时可见肛门松弛甚至脱肛；尿量减少，呈黄褐色。

（3）**危型** 体温在35.8℃以下，卧地难起，反应极差，并不时发出"吭吭"的呻吟声，甚至处于半清醒状态，预后不良，最后常昏迷衰竭而死。

病程多在5~10天，长者达15天左右。

病理变化

因低温综合征死亡的母猪，可视黏膜和皮肤苍白，血液稀薄而黑，心肌松弛，胃部充气无食物，肺有不同程度的充血、水肿，直肠内粪便干燥并伴有脓性黏液，其他组织和器官未见明显眼观病变。

诊断要点

1）母猪在妊娠期或哺乳期，体温突然降至38.0℃以下，特别是低于37.5℃。
2）天气突变、气温骤降或正处于寒冷季节。
3）经调研，养殖户对母猪群管理粗放，日粮营养不全，猪舍简陋。
4）体质瘦弱与某些内科病无主要关联，如慢性胃肠炎等。
5）经实验室检测，排除某些传染性致病因素，如猪瘟病毒、附红细胞体等。
6）近期在临床上无过量使用解热镇痛类药物的治疗史。

预防措施

预防措施要因猪而异，保证每头母猪有充足的营养；加强对母猪群的科学管理，特别是正处于临产前后的母猪，应做到精心饲养和护理，细心观察，对患低温综合征的母猪要做到早发现、早介入、早治疗，尽早做好对母猪群的防寒保暖工作；圈舍结构要合理，要留有适当的运动空间，既能防风防寒，还能正常通风换气；减少各类应激因素，增强母猪抗病力，定期搞好环境卫生消毒，做好传染病的防控工作，特别是母猪繁育障碍性疾病的防控要到位。

治疗方法

（1）治疗原则　强心供能，回阳救逆，精心护理。

（2）治疗方案　治疗的方法很多，可根据具体情况灵活运用。

方案1：强心供能方。10%葡萄糖注射液300~500毫升，50%葡萄糖注射液60~100毫升，10%安钠咖注射液（或10%樟脑磺酸钠注射液）10~20毫升，三磷酸腺苷50~100毫克，辅酶A 250~500国际单位，肌苷300~600毫克，维生素B_6 500~800毫克，5%维生素C 4~10毫升，混合后待液体升至常温，一次静脉注射，每天1次，直至明显好转为止。临床3个病型均可使用。

轻型病例可不需要静脉输液，也可采取把樟脑磺酸钠（或安钠咖）和三药混合物（即三磷酸腺苷、辅酶A和肌苷）分别进行肌内注射。

方案2：中药基础方。①附子汤：熟附片30克、白芍15克、党参30克、白术25克、茯苓25克；②四逆汤：熟附片30克、干姜20克、炙甘草20克；③参附汤：人参40克、熟附片30克；④附子理中汤：熟附片30克、党参40克、白术25克、干姜15克、炙甘草10克。

上述4个方剂均可采取这样加减：气虚甚者加黄芪、大枣；虚寒甚者加肉桂；粪便秘结、腹胀而痛者加厚朴、木香、枳实（妊娠母猪禁用）；积食不化者加焦三仙（哺乳期禁用麦芽）；肺热者可加黄芩、连翘、大青叶。

上述4个方剂均可采取以下2种使用方法：一是共研为末，开水冲调，加红糖100~150克，候温灌服或自饮；二是最好采取水煎服，即诸药加水1000毫升，文火熬1小时以上至500毫升为止，去渣加入红糖100~150克，候温灌服或自饮。每天1剂，连用3~4剂。

上述 4 个方剂对妊娠猪一般无明显影响，其合理应用技术如下：陈子汤可用于轻型病例；四逆汤常用于重型病例；参附汤一般用于危型病例；附子理中汤主用于脾胃虚寒症，症见腹痛、泄泻、口流清水、体端欠温等，临床 3 个病型均可使用；轻型病例还可使用附子理中丸 3~6 丸，温水溶化加适量红糖，自饮或灌服，每天 1 次，连用 3 天。

方案 3：肾上腺素加红糖疗法。轻型或重型病例均可使用，方法是：0.1% 盐酸肾上腺素（副肾素）8~10 毫升，皮下或肌内注射，轻型每天 1 次，重型每天可增至 2~3 次。同时，取 100~150 克红糖，开水溶解，候温灌服，每天 2~3 次，连用 3~4 天便可见效。

方案 4：辅助疗法。

①粪便干燥者，深部灌肠，用温肥皂水或 1%~2% 温食盐水或温口服补液盐溶液，每天 4~5 次，每次 500~1000 毫升；在深部灌肠的基础上可灌服藿香正气水 100 毫升，加大黄苏打片和干酵母片各 30~50 片，同时肌内注射 10% 樟脑磺酸钠 10~20 毫升，每天 1 次，连用 2~3 天。

②贫血严重者，可肌内注射 5% 右旋糖酐铁 20 毫升，每天 1 次，连用 2 天。

③危症阶段可试用高剂量硫酸阿托品注射液 2~4 毫升，股内侧皮下注射。

④防止继发感染，可使用头孢噻呋钠或硫酸庆大霉素或青霉素加链霉素等。

实践证明，中西医结合治疗效果最佳。根据母猪体况和实际病情，可选择性地及时使用方案 1＋方案 2＋方案 4，或方案 1＋方案 4，或方案 3＋方案 4，疗程短、效果确实、治愈率高。有统计显示：单用西医疗法其疗程为 3~5 天，治愈率在 95% 以上；单用中医疗法其疗程为 5~7 天，治愈率在 80% 以上；采用中西医结合治疗效果最理想，治愈率可达到 100%。

附　录

附录A　引起猪腹泻的常见疾病的鉴别诊断要点

病名	发病时间	发病率	死亡率	临床症状	腹泻物外观	发病及经过	其他症状
猪轮状病毒感染	7日龄内常不感染，主发于1~5周龄仔猪	较高，多为50%~80%	一般为7%~20%；哺乳仔猪低，断奶仔猪较高	偶见呕吐，消瘦，被毛粗乱	水泻，糊状，有黄凝乳样物，pH为6.0~7.0	突然发作，迅速散播，成窝散发感染	母猪很少发病
猪传染性胃肠炎	各种年龄均可发生	大流行时几乎达100%；地方流行性时一般为20%~50%	10日龄内死亡率近100%；4周龄后死亡率很低	呕吐，腹泻，脱水	浅黄白色，水样，有特殊臭味，pH为6.0~7.0	暴发，所有窝几乎同时感染；有的成窝散发感染；少数发生慢性型	母猪食欲废绝，可能呕吐，大便稀，无乳，迅速散播到其他猪
猪流行性腹泻	任何年龄均可发生	不一，但通常高	1周龄内的哺乳仔猪可高达50%，其他较低	呕吐，腹泻，脱水	水样	暴发，快速传播	较大猪可见严重症状
仔猪白痢	多见于10~30日龄	50%左右	死亡率低	突然发生腹泻，次数不等	乳白色或灰白色糊状	发病急，迅速散播	1月龄以上的猪很少发生
仔猪黄痢	7日龄以内	发病率高	死亡率高	迅速脱水和消瘦，很快死亡，其他仔猪相继发生腹泻	排黄色或黄白色水样粪便，含凝乳小片和气泡	7日龄以上很少发生	初产窝仔猪比经产窝严重
仔猪红痢	7日龄内，以3日龄最多见	发病率高	死亡率高	俯卧呈划水状，偶见呕吐，体瘦	水样黄色至血色腹泻	缓慢传播至整个产房	母猪正常

（续）

病名	发病时间	发病率	死亡率	临床症状	腹泻物外观	发病及经过	其他症状
仔猪副伤寒	2~4月龄多发	散发	及时治疗，死亡率低	体端末梢及四肢内侧常出现紫斑，有的慢性病猪皮肤上出现湿疹样变化	急性型排浅黄色稀粪，慢性型排灰绿、黄褐或污黑色带血的稀粪	一般呈散发性	6月龄以上很少发生
猪痢疾	7~12周龄仔猪多发	75%左右	一般为5%~25%	猪群发病最初多为急性，随后以亚急性和慢性为主	粪便混有大量黏液和血液，呈胶冻状	可反复发生，一般间隔3~4周	成年猪也可发生
猪增生性肠炎	5周龄至6月龄多发	5%~40%	死亡率不高，一般为1%~10%	食欲废绝，不规则腹泻，逐渐消瘦	稀薄，有的排沥青样黑色粪便或血样粪便	散发，传播慢	成年猪很少发生
猪球虫病	7~15日龄多发	不一，为50%~75%	死亡率一般较低，有其他并发症时可达75%	消瘦，被毛粗乱，后躯常被稀粪污染	腹泻不止，灰黄色水样，较臭，pH为7.0~8.0	散发，传播慢，陆续发病	母猪正常
猪蛔虫病	3~6月龄的仔猪感染严重	感染率高	死亡率低	食欲减退、被毛粗乱、腹痛、贫血，有时出现阻塞性黄疸	只有严重者可引起腹泻	散播慢，逐渐增加	成年猪抵抗力强
猪绦虫病	任何年龄均可发生	感染率低	死亡率低	类型不同，症状也不一样	类型不同，症状也不同	病程缓慢	本病有棘球蚴病、细颈囊尾蚴病、囊虫病等
猪毛首线虫病	2~6月龄易感，4~6月龄最易感	感染率高	死亡率低	轻者一般无明显症状，重者结膜苍白、贫血、顽固性腹泻	排出带黏液的水样血色粪便	散播慢	14月龄以上的猪很少感染

（续）

病名	发病时间	发病率	死亡率	临床症状	腹泻物外观	发病及经过	其他症状
猪食道口线虫病	任何年龄均可发生	感染率不一	死亡率不一	腹泻	粪便中带有脱落的肠黏膜	散播慢	母猪正常
猪小袋纤毛虫病	多发生于仔猪，特别是断奶后的仔猪	感染率不一	死亡率不一	水样腹泻，混有血液	粪便中有滋养体和包囊两种虫体	散播慢	成年猪呈隐性感染

附录B 引起猪呼吸困难的常见疾病的鉴别诊断要点

病名	易感日龄	流行季节	群内传播速度	发病率	死亡率	粪便	耳朵	鼻液	胃肠道	心、肺及气管	其他脏器
猪流感	各种年龄	晚秋、冬、春季多发	快	高	低	正常	正常	浆性脓性鼻汁	胃肠道卡他性炎症	呼吸道黏膜充血、肿胀、有大量泡沫液、颈、肺部和纵隔淋巴结增大、水肿，肺组织萎缩、病变部位呈紫色	眼流泪并有分泌物，肌肉、关节痛，脾脏轻度肿大，病程为3~7天，能自行康复。易因继发感染导致死亡
猪圆环病毒病	多见于15~18周龄	无	较快	不定	不定	偶有腹泻	正常	正常	胃黏膜水肿、溃疡，回肠、结肠变薄，盲肠、结肠出血	肺肿胀、坚硬似橡皮，严重的肺泡有出血斑，有的肺尖叶和心叶萎缩或实质性病变	全身淋巴结肿大，切面硬度增大，可见均匀的白色，有的淋巴结有出血和化脓性病变；肝脏发暗、萎缩、脾脏异常肿大，呈肉样变化；肾脏水肿，呈灰白色，被膜下有时有白色坏死灶

（续）

病名	易感日龄	流行季节	群内传播速度	发病率	死亡率	粪便	耳朵	鼻液	胃肠道	心、肺及气管	其他脏器
猪传染性胸膜肺炎	6周龄至5月龄	冬、春季多发	慢	高	高	最初腹泻	耳鼻皮肤呈蓝紫色	口鼻流出血色带泡沫分泌物	正常	病程长，胸膜表面广泛性纤维素沉积，肺充血出血水肿。气管、支气管可见大量血色液体和纤维素凝块，肺有坏死灶或脓肿，胸膜粘连	最初有呕吐腹泻，后期常呈犬坐姿势，张口伸舌，继发关节炎、心内膜炎、脑膜炎，不同部位肿胀
猪气喘病	各种年龄	四季可发，冬、春季多发	较快	高	高	正常	正常	无	正常	肺膨大、水肿、气肿，形成肉样变区，呈浅灰红色或红色。中后期变深，形成两侧对称的虾肉样变。继发感染时导致严重肺炎	腹式呼吸，张口呼吸，夜间有哮喘声
副猪嗜血杆菌病	5~8周龄	无	较快	低	高	正常	死亡时体表发紫	正常	肠系膜上有大量纤维素性渗出物，肠系膜淋巴变化不明显	胸膜炎明显，有浆液性、纤维素性渗出物，肺间质水肿、粘连，最明显是心包积液，心包膜增厚，心肌表面有大量纤维素渗出，形成绒毛心	腹股沟淋巴结呈大理石状，下颌淋巴结、肝脏边缘出血严重，脾脏有出血边缘凸起米粒大的血泡，有梗死，肾脏有出血点，皮肤及黏膜发绀，站立困难甚至瘫痪，成为僵猪或死亡，喉管内有大量黏液，后肢关节切开有胶冻样物
猪肺疫	各种年龄	天气多变的季节，尤以寒冷季节多发	快	高	高	先便秘后腹泻	正常	有	出血性炎症	肺有不同程度水肿和肝变区，胸膜与病肺粘连，胸腔及心包积液	全身黏膜、浆膜和皮下组织有出血点，喉头出血性水肿，全身淋巴结、脾脏肿胀、出血

（续）

病名	易感日龄	流行季节	群内传播速度	发病率	死亡率	粪便	耳朵	鼻液	胃肠道	心、肺及气管	其他脏器
猪传染性萎缩性鼻炎	2~5月龄	无	快	高	较高	正常	正常	鼻腔流出透明黏液性分泌物	正常	继发肺炎	眼角常流泪，眼眶皮肤形成半月状湿润区，黏附尘土呈黑色（俗称黑泪斑）病猪常摇头、拱地、摩擦鼻端。鼻甲骨萎缩时，使鼻缩短或偏向一方，鼻甲骨中隔失去原形或大部分消失，有黏液性和脓性鼻汁
猪链球菌病	哺乳仔猪	一年四季均可，5~11月多发	快	高	低	正常	正常	常伴有浆液性鼻漏	肠壁有胶冻样水肿	急性败血型常见鼻、气管、肺充血、肺炎，病程较长的猪常见有心包炎、纤维素性胸膜炎和腹膜炎，胸腔积液	全身淋巴结肿大出血、坏死，特别是肠系膜淋巴结肿胀严重。脾脏肿胀，呈暗红色或紫蓝色，少数病例脾边缘常有出血性梗死。心内、心外膜、胃肠、膀胱均有不同程度的出血

附录 C　猪泌尿生殖系统疾病的鉴别诊断要点

病因	病母猪临床症状	发病胎儿（仔猪）年龄	胎儿和胎盘病变	诊断
猪瘟	嗜睡，厌食，发热，结膜炎，呕吐，呼吸困难，皮肤有红斑、发绀，腹泻，共济失调，抽搐		产木乃伊胎、死胎、水肿，腹水，胎儿头和肢畸形，肺出血，小脑发育不全，肝坏死	胎儿组织切片荧光抗体法（扁桃体组织）

（续）

病因	病母猪临床症状	发病胎儿（仔猪）年龄	胎儿和胎盘病变	诊断
猪细小病毒感染	无	胎儿常在不同的发育阶段死亡	产木乃伊胎（常见）、死胎或弱胎，分解的胎盘紧裹着胎儿	病毒分离
猪伪狂犬病	打喷嚏、咳嗽、厌食、便秘、流涎、呕吐，有中枢神经系统症状		肝局灶坏死，产木乃伊胎、死胎，胎盘坏死、胎盘少	从母猪采集双份血清样品
猪乙型脑炎	无		与细小病毒病相似，有脑积水，皮下水肿，胸腔积液小点出血，腹水，肝脏、脾脏有坏死灶	胎儿荧光抗体试验
猪繁殖与呼吸综合征	初期耳朵发紫，有呼吸困难的症状	最常见于妊娠后期的相同胎龄的胎儿	产死胎、木乃伊胎，或者产下弱胎、畸形胎	血清学鉴定或病毒分离
猪布鲁氏菌病	少见症状，妊娠的任何时候都会流产	所有胎儿同时感染，并在相同胎龄死亡，可在任何胎龄发生	可能自溶或外观较正常，皮下水肿，腹泻积液或出血，化脓性胎盘炎	从胎儿培养细菌、群血清检查阳性、母猪双份血清
猪附红细胞体病	发热疾病的其他症状，因特定的病原不同而有差异	发生于同一胎龄或任何胎龄	无	病史和临床症状
猪弓形虫病	无	发生于任何胎龄	流产、产死胎，初生仔猪虚弱，木乃伊胎少见	组织病理学
猪维生素A缺乏症	无	发病胎龄可能不同，但都为同一胎龄	产死胎或弱胎，无眼畸形，腭裂，小眼畸形，失明，全身水肿	查看病史，证明眼异常
猪维生素E缺乏症	母猪卵巢萎缩、性周期异常、生殖系统发育异常、不发情、不排卵、不妊娠		胚胎死亡、流产	
猪硒缺乏症	无	2月龄内的哺乳仔猪	骨骼肌呈苍白色的煮肉或鱼肉样外观，出现桑葚心、槟榔肝	

附录 D 猪神经、运动障碍常见疾病的鉴别诊断要点

病名	易感日龄	流行季节	群内传播	发病率	死亡率	典型症状	脑部	肌肉肌腱	关节肿胀	关节腔	骨、关节软骨
猪传染性脑脊髓炎	1月龄	冬、春季	慢	低	高	体温高、运步失调，先兴奋后麻痹	脑膜水肿充血	肌肉萎缩	正常	正常	正常
猪狂犬病	不分年龄	无	慢	高	100%	兴奋、狂躁	有核内包涵体	肌肉痉挛	正常	正常	正常
仔猪水肿病	1~2月龄	春、秋季	快	高	高	全身水肿	脑脊髓水肿	肌肉抽搐	肿大	肿大	正常
猪链球菌病	不分年龄	7~10月	较快	较高	低	体温升高、咳喘	正常	正常	关节炎	化脓	正常
猪李氏杆菌病	断奶前后仔猪	冬季	慢	散发	较高	抽搐尖叫、吐白沫	脑脊液增多	抽搐	正常	肿大	正常
破伤风	不分年龄	无	慢	低	高	牙关紧闭、口吐白沫	脑部正常	肌肉痉挛	正常	正常	正常
猪肉毒梭菌中毒	不分年龄	温暖季节	慢	低	高	运动麻痹	无眼观病变	肌肉麻痹	正常	正常	正常
仔猪白肌病	20~90日龄	3~4月	慢	低	高	起立困难	正常	麻痹	正常	正常	正常
中暑	不分年龄	盛夏炎热季节	慢	高	不高	心跳加快、呼吸困难	正常	正常	正常	正常	正常

附录 E 猪皮肤病的鉴别诊断要点

病名	病原（病因）	发病年龄	病变	部位	发病率和死亡率	诊断	治疗	防治
猪口蹄疫	小RNA病毒科、单股正链RNA	各种年龄	以蹄部水疱为特征，体温升高，全身症状明显	蹄冠、蹄叉、蹄踵	幼仔猪可引起100%的发病，死亡率可达80%以上	临床症状，最终确诊要靠实验室诊断	扑杀病猪及染毒动物	免疫接种
猪水疱病	猪水疱病病毒、单股RNA	各种年龄、性别、品种的猪均可感染	主要表现为病猪的趾、附趾的蹄冠，以及鼻盘、舌、唇和母猪乳头发生水疱	蹄部、鼻镜部、口腔上皮、舌及乳头	发病率差别大，有的不超10%，但有的达100%，死亡率一般很低	实验室诊断：荧光抗体试验	扑杀病猪、无害化处理、进行紧急接种	预防本病的重要措施是防止本病传入，应严格检疫
猪痘	猪痘病毒	哺乳仔猪和断奶仔猪，也可达4月龄	水疱、丘疹，直径达6毫米的脓疱	分布广，主要在腹部	发病率不一致，死亡率一般很低	临床症状、组织学检查、血清学检查	控制继发的细菌感染	控制猪虱
猪丹毒	丹毒杆菌	各种年龄，但哺乳仔猪不常发	红斑，隆起长方形等规则的肿块、坏死，败血症	分布广，肩部、背部、腹部、后腿跗部等部位	发病率高达100%，死亡率低	特征性皮肤病变、细菌学检查	青霉素	菌苗接种，血清免疫
坏死杆菌病	创伤+坏死杆菌+继发细菌	从出生至3周龄	浅表溃疡、褐色硬痂	面部、颊部、眼、齿龈	发病率高达100%，死亡率低	齿伤、细菌学检查	抗菌药	出生剪齿时，一定要注意工具卫生
猪渗出性皮炎	葡萄球菌+其他因子、皮肤擦伤	1~4周龄为急性；4~12周龄为局灶性	皮肤渗出、油脂皮、红斑	仔猪广泛分布；成年猪呈局限性分布	通常发病率低，偶然流行达90%，死亡率低	临床症状、细菌学检查、组织学检查	抗菌药	改善卫生状况、减少擦伤

（续）

病名	病原（病因）	发病年龄	病变	部位	发病率和死亡率	诊断	治疗	防治
锌缺乏症	饲料中缺锌，饲料存在干扰锌吸收利用的因素	种公猪、种母猪、生产后备母猪、仔猪等均可患病	食欲减退、生长迟缓、脱毛、皮肤痂皮增生、皲裂	皮肤角化不全和因锌缺乏引起的皮肤损伤	种公猪、母猪发病率高，而仔猪发病率低	临床症状，测定血清和组织中锌的含量有助于确诊	使用锌元素注射制剂进行必要的治疗	饲料中添加定量的锌元素

附录F 常见猪中毒病的鉴别诊断要点

中毒种类	病史和发病现场调查	临床症状	病理学检查	实验室诊断
黄曲霉毒素中毒	有饲喂霉变饲料的病史	病猪逐渐消瘦、拱背、卷腹，粪便干燥或稀薄，兴奋不安，有的病猪的眼、鼻周围皮肤发红，随后变为蓝色	急性病例在胸、腹腔内可见大量出血。前后肢、肩部等处的皮下及其他部位肌肉间出血。肠道内有血液，肝脏表面有针尖样或瘀斑样出血，心内、心外膜出血，脾脏有出血性梗死	生物学接种，分离培养
食盐中毒	因供水不足而食入过多的食盐溶液，或喂给含盐量过高的饲料	病猪极度口渴、流口水、厌食、呕吐、腹痛、腹泻或便秘。多数病猪有神经症状，眼失明，盲目直冲，单向性转圈运动，头向后仰，痉挛，少数病例痉挛后体温升高到41℃以上	尸僵不全，血液凝固不良，脾脏轻度瘀血，肝脏肿大呈紫黑色，胆囊肿大，胆汁呈浅黄色，肾脏肿大、呈紫红色，淋巴结充血、肿大，脑灰质软化	血液检查，血清中的氯化钠含量显著升高
酒糟中毒	饲喂了异常发酵的酒糟	病猪可见体温升高，皮肤呈青紫色，出现皮疹，先便秘后腹泻，步态不稳，四肢麻痹，卧地不起，有的兴奋不安	肺充血或水肿，胃和十二指肠充血、出血，肾脏肿胀、质脆	对含酒糟的剩料和胃内容物进行检查，有乙醇和醋酸等化学成分

（续）

中毒种类	病史和发病现场调查	临床症状	病理学检查	实验室诊断
棉籽饼中毒	长期饲喂大量棉籽饼	病猪拒食、低头、拱腰、喜卧、失去平衡，后肢无力，呼吸急促，有浆液性鼻液；粪便干结或带血，口渴，尿量少，有的有痉挛现象。在出现症状后1小时或更短时间即死亡	胃肠黏膜有弥漫性水肿，小肠有出血斑点，肠系膜淋巴结肿大、充血，胸、腹腔有红色渗出液，气管内有血样泡沫状液体，肾脏肿大、出血	血液检测，测定游离棉酚含量
亚硝酸盐中毒	猪食用了处理不当的青饲料	病猪突然不安、呕吐、流口水、呼吸急促，走路摇晃，全身震颤，病猪结膜苍白，可视黏膜呈粉红色，黑猪的鼻盘呈乌青色，白猪的鼻盘灰白带青，体端末梢发凉。严重的倒地，痉挛后很快死亡，部分猪可拖延1~2小时，猪体温大多降至常温以下	白猪皮肤苍白或呈青灰色，血液凝固不良，呈紫黑色、如酱油状，病程稍长的可见胃底部、幽门处和十二指肠黏膜充血、出血	进行亚硝酸盐检验、变性血红蛋白检查
铜中毒	吃了含铜量较高的饲料、植物或添加剂	病初体温与食欲无变化，但猪逐渐消瘦，步态僵硬，尿量少且带血。之后排尿次数减少，便秘，体温上升，皮肤变黄，肌肉震颤，腹痛，后肢麻痹，接着虚脱而死	可见全身性黄疸	检测血清铜、肝铜，中毒后明显升高

参 考 文 献

[1] 郑明球,蔡宝祥. 动物传染病诊治彩色图谱 [M]. 北京:中国农业出版社,2002.
[2] 甘孟侯,杨汉春. 中国猪病学 [M]. 北京:中国农业出版社,2005.
[3] 刘建钗,刘彦威. 常见猪病形态学诊断与防控 [M]. 北京:化学工业出版社,2016.
[4] 刘建柱,牛绪东. 猪病鉴别诊断图谱与安全用药 [M]. 北京:机械工业出版社,2017.
[5] 宣长和,马春全,林树民,等. 猪病混合感染鉴别诊断与防治彩色图谱 [M]. 北京:中国农业大学出版社,2009.
[6] 徐有生. 科学养猪与猪病防制原色图谱 [M]. 北京:中国农业出版社,2009.
[7] 陈怀涛. 动物疾病诊断病理学 [M]. 2版. 北京:中国农业出版社,2012.
[8] 江斌,吴胜会,林琳,等. 新编猪病速诊快治 [M]. 福州:福建科学技术出版社,2013.
[9] 张米申,吴家强,张晓康. 生猪常见病防制技术图册 [M]. 北京:中国农业科学技术出版社,2016.
[10] 谷凤柱,马玉华,王志远. 猪病临床诊治彩色图谱 [M]. 北京:机械工业出版社,2015.
[11] 王春璈. 猪病诊断与防治原色图谱 [M]. 2版. 北京:金盾出版社,2010.
[12] 林太明,吴德峰. 猪病临床诊治彩色图谱 [M]. 北京:中国农业出版社,2014.
[13] 任晓明. 猪病临床快速诊疗指南 [M]. 北京:中国农业出版社,2013.
[14] 肖乃志. 新编养猪与猪病防治实用技术 [M]. 杨凌:西北农林科技大学出版社,2004.
[15] 史秋梅. 猪病诊治大全 [M]. 2版. 北京:中国农业出版社,2009.
[16] 潘耀谦. 猪病诊治彩色图谱 [M]. 北京:中国农业出版社,2004.